"十二五"职业教育国家规划教材
经全国职业教育教材审定委员会审定

Gongcheng Zhitu
工程制图

张 磊 主 编
于慧玲 刘荣娥 副主编
蔡更生 主 审

人民交通出版社股份有限公司
China Communications Press Co.,Ltd.

内 容 提 要

本书为"十二五"职业教育国家规划教材,经全国职业教育教材审定委员会审定。主要内容包括:工程图的基本知识,投影基础,轴测图,组合体的投影,工程形体的常用表达方法,零件图和装配图,计算机辅助设计。

本书可供高职、中职院校相关专业教学选用,亦可供行业相关培训、岗前培训使用,同时可供城市轨道交通从业人员学习参考。

* 本书配有教学课件,读者可于人民交通出版社股份有限公司网站免费下载。

图书在版编目(CIP)数据

工程制图/张磊主编.—北京:人民交通出版社股份有限公司,2016.8

"十二五"职业教育国家规划教材

ISBN 978-7-114-12860-8

Ⅰ.①工… Ⅱ.①张… Ⅲ.①工程制图 – 高等职业教育 – 教材 Ⅳ.①TB23

中国版本图书馆 CIP 数据核字(2016)第 045421 号

"十二五"职业教育国家规划教材

书　　名:	工程制图
著 作 者:	张　磊
责任编辑:	袁　方
出版发行:	人民交通出版社股份有限公司
地　　址:	(100011)北京市朝阳区安定门外外馆斜街3号
网　　址:	http://www.ccpress.com.cn
销售电话:	(010)59757973
总 经 销:	人民交通出版社股份有限公司发行部
经　　销:	各地新华书店
印　　刷:	北京虎彩文化传播有限公司
开　　本:	787×1092　1/16
印　　张:	10
字　　数:	231千
版　　次:	2016年8月　第1版
印　　次:	2024年1月　第4次印刷
书　　号:	ISBN 978-7-114-12860-8
定　　价:	28.00元

(有印刷、装订质量问题的图书由本公司负责调换)

当前,我国城市轨道交通事业正处于快速发展时期。随着越来越多的轨道交通线路的建设和投入运营,需要大量的城市轨道交通专业的通用型和技能型人才,而现在各职业院校缺少较适合专业岗位所需的理论知识与操作技能训练紧密结合的教材。因此,人民交通出版社股份有限公司组织编写了本套规划教材,以满足我国城市轨道交通人才培养的需要。

本书编写人员根据相关教学标准、《机械制图》和《技术制图》国家标准及行业标准,结合多年的教学经验编写了本书。本书的编写充分考虑了职业院校学生的认知特点,文字简洁明了,通俗易懂,图文并茂,详细阐述了工程制图的相关理论知识,本着厚基础、强实践,注重基础理论知识的针对性和实用性,突出内容上的系统性和科学性。

本书由北京交通运输职业学院张磊担任主编,吉林交通职业技术学院于慧玲、内蒙古大学鄂尔多斯学院刘荣娥担任副主编。具体编写分工为:绪论、第一章和第二章由张磊编写,第三章和第四章由于慧玲编写,第六章由刘荣娥编写,第五章和第七章由北京交通运输职业学院赵莉弘编写,全书由张磊统稿。北京劳动保障职业学院蔡更生老师对本书进行了审阅,为本书提出了许多宝贵的意见和建议,在此表示衷心的感谢。

由于编者水平有限,书中难免有一些错误和不足之处,敬请广大读者批评指正。

编 者
2016 年 1 月

目录 MULU

绪论	1
第一章　工程制图的基本知识	3
第一节　工程图的基本规范	3
第二节　平面图形的画法及尺寸标注	7
第三节　常用绘图工具及使用方法	16
复习思考题	19
第二章　投影基础	20
第一节　投影法	20
第二节　三视图	23
第三节　基本几何元素的投影	31
第四节　基本几何体的投影	40
复习思考题	58
第三章　轴测图	62
第一节　概述	62
第二节　正等轴测图	64
第三节　斜二等轴测图	68
复习思考题	71
第四章　组合体的投影	73
第一节　组合体的形体分析	73
第二节　组合体的画法	75
第三节　组合体视图的读图方法	76
第四节　组合体的尺寸标注	79
复习思考题	82
第五章　工程形体的常用表达方法	84
第一节　视图	84
第二节　剖视图	87

第三节　断面图 ··· 90
　　第四节　图样的规定画法和简化画法 ·· 92
　　复习思考题 ·· 95
第六章　零件图与装配图 ·· 96
　　第一节　零件图基本知识 ·· 96
　　第二节　装配图基本知识 ··· 119
　　复习思考题 ··· 129
第七章　计算机辅助设计 ··· 130
　　第一节　计算机辅助设计概述 ··· 130
　　第二节　AutoCAD 2014 应用基础 ··· 135
　　第三节　AutoCAD 2014 绘制基本二维图形 ··· 142
　　复习思考题 ··· 152
参考文献 ·· 153

绪　　论

一、课程的性质与任务

1. 课程的性质

工程是一切与生产、制造、建设、设备相关的重大门类的总称。如机械工程、建筑工程、车辆工程、电器工程等,每个工程门类都有其自身的专业体系、专业规范和专业知识。但一切工程的核心任务是设计与规划,其表达形式都离不开工程图样。在工程界,根据投影原理、国家标准或有关规定表示工程对象,并有必要的技术说明的图样,称为工程图样。工程图样是工程与产品信息的载体,是工程界表达、交流的语言。随着信息时代的到来,图样信息的载体由原来的纸质图纸发展到计算机的应用。因此,每个工程技术人员都必须掌握绘制和阅读工程图样的基本理论知识,并具有计算机绘图的能力。

本书在介绍了通用制图知识的基础上,结合车辆专业常用零部件的零件图和装配图进行举例分析,主要研究绘制、阅读工程图样的基本理论和方法,学习国家标准的有关规定和计算机辅助设计软件在工程图样绘制中的应用。

2. 课程的任务

(1)能运用正投影法的基本原理和方法作图。

(2)掌握组合体三视图的画法、尺寸标注和技术要求等。

(3)能识读中等复杂程度的零件图和简单的装配图。

(4)了解计算机辅助设计软件的基本知识。

(5)培养学生良好的三维空间想象能力,根据工程制图国家标准的有关规定,绘制和识读工程图样。

(6)培养学生严谨细致的学习作风和认真负责的工作态度。

二、课程的学习方法

(1)本课程是一门既有理论性,且实践性又很强的技术基础课。课堂上除了掌握理论知识外,还要多动脑、勤思考、爱动手、加强互动,不断地由物画图、由图想物,做大量的绘图和读图的练习,反复实践,从而提高三维空间想象能力和图形分析的能力。

(2)课下要独立认真地完成一定量的习题作业,遇到问题应及时和同学讨论、大胆向老师请教,注意正确使用绘图工具,不断提高绘图技能和绘图速度。

(3)严格按照国家标准的有关规定制图,养成自觉遵守国家标准的良好习惯,规范绘图。

(4)工程图样作为工程技术文件,图纸的质量和准确度决定着生产的质量和安全,学生在绘图过程中要养成严谨、认真负责和一丝不苟的工作作风。

第一章 工程制图的基本知识

📖 **知识点**

1. 图幅、图线、字体、比例、尺寸标注等国家制图标准的有关规定。
2. 基本几何作图的技巧和方法。
3. 手工绘图工具及其使用方法。

 技能目标

1. 按国家制图标准进行绘图。
2. 会任意等分线段、会画正多边形、椭圆以及圆弧连接。
3. 能熟练使用常用的绘图工具。

第一节 工程图的基本规范

工程图样是工程界的技术语言,是工程师表达、交流思想的重要工具,也是工程技术部门的一项重要技术文件。为了使工程图样表达统一、清晰,满足设计、生产等的要求,国家标准《技术制图 图纸幅面和格式》(GB/T 14689—2008)对图幅大小、图线的画法、字体、比例、尺寸标注等都有统一的规定。

一、图幅和标题栏

1. 图幅及图框

图幅是指图纸宽度与长度组成的图面,其目的是便于装订和管理。国标《技术制图 图纸幅面和格式》(GB/T 14689—2008)对图幅制定了 A0、A1、A2、A3、A4 五种规格,如图 1-1 所示。从图中可以看出,A1 幅面是 A0 幅面的对开,A2 幅面是 A1 幅面的对开,其他幅面以此类推。

图幅的内侧有图框线,用粗实线画,图框线内部的区域才是绘图的有效区域。图幅的大小、图幅与图框线之间的关系,应符合表 1-1 的规定及图 1-2、图 1-3 所示的格式。图纸以短边作为垂直边应为横式,以短边作为水平边应为立式。

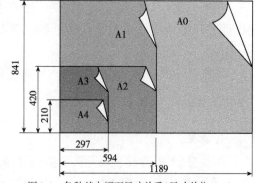

图 1-1 各种基本幅面尺寸关系(尺寸单位:mm)

图幅及图框尺寸(单位:mm)　　　　　　　表 1-1

幅面代号	A0	A1	A2	A3	A4
$B \times L$	841×1189	594×841	420×594	297×420	210×297
e	20	20	10	10	10
c	10	10	10	5	5
a	25	25	25	25	25

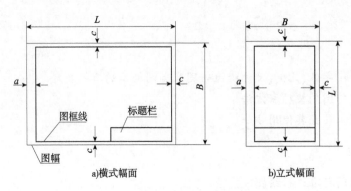

图 1-2　有装订边的图框格式

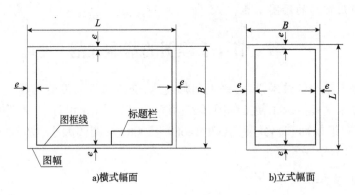

图 1-3　无装订边的图框格式

2. 标题栏

图纸标题栏简称图标,主要填写设计单位名称、设计人员、校核及审核人员签字、图样名称、图号区等,如图 1-4 所示。标题栏位于图纸的右下角,文字方向为看图方向。可根据需要选择尺寸、格式和分区。

学生在作业期间,可采用图 1-5 所示的标题栏格式。

二、图线

1. 线型

图线分实线、虚线、点画线、双折线和波浪线等,图样中为了表达不同的内容,并能分清主次,因此要用到不同的线型,线型分类如表 1-2 所示。

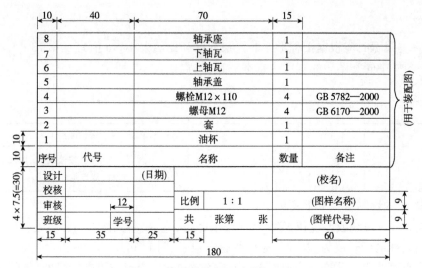

图1-4 标题栏格式(尺寸单位:mm)

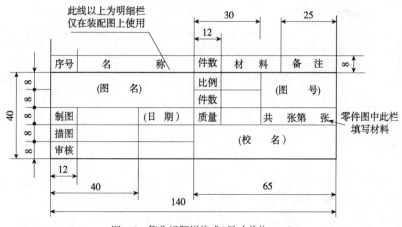

图1-5 简化标题栏格式(尺寸单位:mm)

线 型 表1-2

名 称	线 型	线 宽	一 般 用 途
粗实线	————————	b	可见轮廓线
细实线	————————	$0.5b$	尺寸线、尺寸界线、剖面线、重合断面的轮廓线、过渡线
波浪线	～～～～～	$0.5b$	断裂处的边界线、视图与剖视图分界线
双折线	—∧—	$0.5b$	断裂处的边界线、视图与剖视图分界线
粗虚线	— — — —	b	允许表面处理的表示线
细虚线	- - - - -	$0.5b$	不可见轮廓线
粗点画线	—·—·—	b	限定范围表示线
细点画线	—·—·—	$0.5b$	轴线、对称中心线
双点画线	—··—··—	$0.5b$	相邻辅助零件轮廓线、可动零件的极限位置的轮廓线、轨迹线

2. 线宽

确定基本线宽时应根据工程形体的复杂程度和比例大小。b 值宜在 0.13～1.4mm 之间选择,同一图样中同类图线的宽度应基本一致,线宽如表 1-3 所示。

线　宽　　　　　　　　　表 1-3

组　别	1	2	3	4	5	一般用途
线宽(mm)	2.0	1.4	1.0	0.7	0.5	粗实线、粗点画线
	1.0	0.7	0.5	0.35	0.25	细实线、波浪线、双折线、虚线、细点画线、双点画线

相交图线的绘制应符合下列规定:
(1)当虚线和虚线或虚线和实线相交时,相交处不应留空隙,应交于短线处,见图 1-6a)。
(2)当实线的延长线为虚线时,应该留有空隙,见图 1-6b)。
(3)当点画线自身相交或点画线与其他图线相交时,交点应设在线段处,见图 1-6c)。

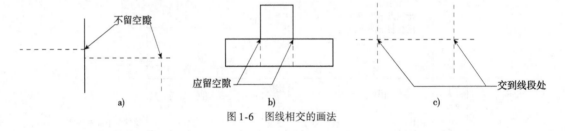

图 1-6　图线相交的画法

三、比例

图中图线与其实物相应要素的线性尺寸之比称为比例。比值为 1 的比例,称为原值比例;比值大于 1 的比例,称为放大比例;比值小于 1 的比例,称为缩小比例。

比例符号应以":"表示,比例一般应标注在标题栏的比例栏中,必要时,也可在视图名称的下方标注。

为了使图样直接反映实物的大小,绘图时应优先采用原值比例。若工件太大或太小,则可采用缩小或放大的比例绘制。选用比例的原则是有利于图形的清晰表达和图纸幅面的有效利用。不论采用何种比例,图形中所标注的尺寸数值必须是实物的实际尺寸,与图形的比例无关。绘图时,应从表 1-4 规定的系列中选取适当的比例。

绘 图 比 例　　　　　　　　　表 1-4

种　类	比　例
原值比例	1:1
放大比例	5:1、(4:1)、2:1、(2.5:1)、$5\times10^n:1$、$(4\times10^n:1)$、$2\times10^n:1$、$(2.5\times10^n:1)$、$1\times10^n:1$
缩小比例	1:2、(1:2.5)、(1:3)、(1:4)、1:5、1:10、$1:2\times10^n$、$(1:2.5\times10^n)$、$(1:3\times10^n)$、$(1:4\times10^n)$、$1:5\times10^n$、$1:1\times10^n$

注:括号内的比例为其次选用的比例。

四、字体

图样除图线外,还需要标注尺寸数字、轴线编号和文字说明等。手工标注数字、字母和汉字时,必须笔画清晰、字体端正、排列整齐,否则影响图纸质量,甚至影响零部件加工质量。

1. 字高

字体的高度用 h 表示,国标规定其系列尺寸为:1.8mm、2.5mm、3.5mm、5mm、7mm、10mm、14mm、20mm。若要书写更大的字,其字体高度应按 $\sqrt{2}$ 的比率递增。字体高度代表字体的号数,例如7号字即高度为7mm。

2. 汉字

图样及说明中的汉字,宜采用长仿宋体(矢量字体)或黑体,同一图纸字体种类不应超过两种。长仿宋体字的高宽比约3:2,黑体字的高宽比为1:1。汉字的高度应不小于3.5mm。

手工书写长仿宋体字的要领为:横平竖直、起落分明、结构匀称、笔锋满格。长仿宋体示例如表1-5所示。

汉字示例　　　　　　　　　　　表1-5

长仿宋体汉字示例	10号字	字体工整　笔画清楚　间隔均匀　排列整齐
	7号字	横平竖直起落分明结构均匀笔锋满格
	5号字	城市轨道交通车辆构造
	3.5号字	螺纹齿轮端子接线

3. 字母与数字

图样及说明中的拉丁字母、阿拉伯数字与罗马数字,宜采用单线简体或roman字体。字母与数字分一般字体和窄字体两种,又有直体字和斜体字之分。字母或数字的字高应不小于2.5mm,斜体字与水平成75°,如表1-6所示。

字母和数字示例　　　　　　　　　　　表1-6

拉丁字母 A型字体	小写斜体	*abcdefghijklmnopqrstuvwxyz*
阿拉伯数字A型斜体		*0123456789*
罗马数字A型斜体		*Ⅰ Ⅱ Ⅲ Ⅳ Ⅴ Ⅵ Ⅶ Ⅷ Ⅸ Ⅹ Ⅺ Ⅻ*

第二节　平面图形的画法及尺寸标注

一、几何作图方法

1. 任意等分线段

【例题1-1】 已知线段 AB,分 AB 为6等分[图1-7a)]。

解:(1)过 A 点作任意直线 AC,在 AC 上任意截取6等分,即点1、2、3、4、5、6,并连接 $B6$

[图1-7b)];

(2)过各等分点1、2、3、4、5分别作B6的平行线交AB得5个点,即分AB为6等分[图1-7c)]。

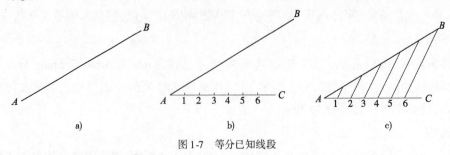

图1-7 等分已知线段

2. 任意等分两平行线间的距离

【例题1-2】 已知平行线AB和CD,分其间距为5等分[图1-8a)]。

解: (1)将直尺上刻度的0点固定在AB上,并以0为圆心摆动直尺,使刻度的5点落在CD上,沿1、2、3、4、5各点作标记[图1-8b)];

(2)过各分点作AB(或CD)的平行线即为所求[图1-8c)]。

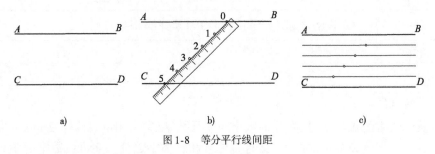

图1-8 等分平行线间距

3. 已知外接圆,求作内接正五边形

【例题1-3】 已知外接圆,作内接正五边形。

解: (1)先平分半径OA,得平分点B[图1-9a)]。

(2)以B为圆心,B1为半径作弧交BO延长线于C,弦C1即为五边形的边长[图1-9b)];

(3)以1为圆心,以C1为半径作弧,得2、5两点[图1-9c)];

(4)分别以2、5为圆心,以C1为长度在圆弧上截取3、4两点。顺次连接各点,即得正五边形[图1-9d)]。

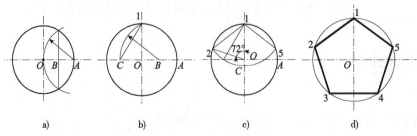

图1-9 已知外接圆,作内接正五边形

4. 圆弧连接两直线

【例题1-4】 已知直线 M、N 和连接圆弧的半径 R[图 1-10a)]，求作两直线的圆弧连接。

解：(1) 在直线 M、N 上各取任意点 a、b，过 a、b 分别作 aa' 垂直直线 M，bb' 垂直于直线 N，并截取 $aa' = bb' = R$[图 1-10b)]；

(2) 过 a'、b' 分别作直线 M、N 的平行线相交于 O，点 O 即为所求连接圆弧的圆心，过 O 分别作直线 M、N 的垂线，得垂足 A、B，即为所求的切点[图 1-10c)]；

(3) 以 O 为圆心，R 为半径，作圆弧 AB 即为所求[图 1-10d)]。

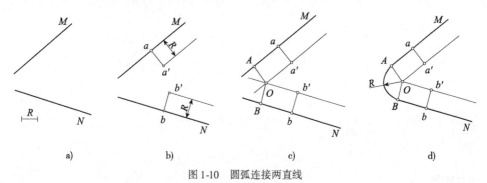

图 1-10 圆弧连接两直线

5. 圆弧连接直线和圆弧

【例题1-5】 已知直线 L 及以 R_1 为半径、O_1 为圆心的圆弧和连接圆弧的半径 R，求作圆弧与直线 L 和已知圆弧相连接[图 1-11a)]。

解：(1) 以 O_1 为圆心，$R_1 + R$ 为半径，作圆弧，并作直线 L 的平行线，使其间距为 R，平行线与半径为 $R_1 + R$ 的圆弧交于 O 点[图 1-11b)]；

(2) 过 O 作直线 L 的垂线得垂足 B，连 OO_1 与已知半径 R_1 的圆弧交于 A，A、B 即为切点；以 O 为圆心，R 为半径，作圆弧 AB 即为所求[图 1-11c)]。

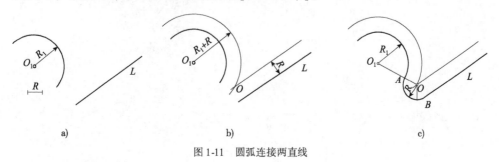

图 1-11 圆弧连接两直线

6. 圆弧连接两圆弧

1) 外连接

【例题1-6】 已知半径为 R_1 和 R_2 的两圆弧，连接圆弧的半径为 R，求作圆弧与已知两圆弧外连接[图 1-12a)]。

解：(1) 以 O_1 为圆心，$R_1 + R$ 为半径，作圆弧；以 O_2 为圆心，$R_2 + R$ 为半径，作圆弧，两圆弧相交于 O，O 即为所求圆心[图 1-12b)]；

9

(2)连接 O_1O 和 O_2O,分别交两已知圆弧于 A、B 点,A、B 即为所求切点[图 1-12c)];
(3)以 O 为圆心,R 为半径,作圆弧 AB 即为所求[图 1-12d)]。

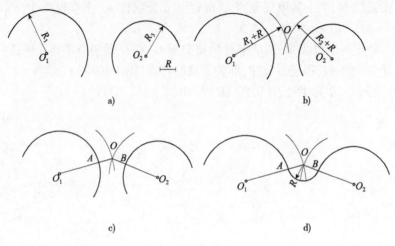

图 1-12 外连接

2)内连接

【例题 1-7】 已知半径为 R_1 和 R_2 的两圆弧,连接圆弧的半径为 R,求作圆弧与已知两圆弧的内连接[图 1-13a)]。

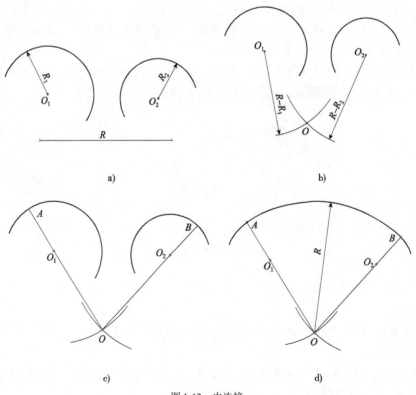

图 1-13 内连接

解：(1)以 O_1 为圆心，$R-R_1$ 为半径，作圆弧；以 O_2 为圆心，$R-R_2$ 为半径，作圆弧，两圆弧相交于 O，即为所求圆心[图 1-13b)]；

(2)连接 OO_1 和 OO_2，并延长交两已知圆弧于 A、B 点，A、B 即为所求切点[图 1-13c)]；

(3)以 O 为圆心，R 为半径，作圆弧 AB 即为所求[图 1-13d)]。

3)混合连接

【例题 1-8】 已知半径为 R_1、R_2 的两圆弧和连接圆弧的半径 R，求作圆弧与已知两圆弧混合连接[图 1-14a)]。

解：(1)以 O_1 为圆心，R_1+R 为半径，作圆弧；以 O_2 为圆心，R_2-R 为半径，作圆弧；两圆弧相交于 O，即为所求圆心[图 1-14b)]；

(2)连 O_1O 与以 R_1 为半径的圆弧交于 A；连 OO_2 并延长，与以 R_2 为半径的圆弧交于 B，A、B 即为所求切点[图 1-14c)]；

(3)以 O 为圆心，R 为半径，作圆弧 AB 即为所求[图 1-14d)]。

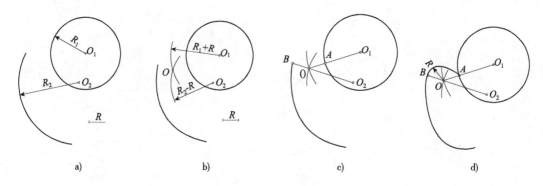

图 1-14 混合连接

二、尺寸标注

1. 尺寸标注的组成

图样上标注尺寸，由尺寸界线、尺寸线和尺寸数字三部分组成。为了使标注的尺寸清晰易读，标注尺寸时可按下列尺寸绘制：尺寸线到轮廓线、尺寸线和尺寸线之间的距离取 6~10mm，尺寸界线超出尺寸线 2~3mm，尺寸数字一般为 3.5 号字，箭头长 5mm，箭头尾部宽 1mm，如图 1-15 所示。

1)尺寸界线

(1)用细实线绘制，并应由图形的轮廓线、轴线或对称中心线处引出。也可利用轮廓线、轴线或对称中心线作尺寸界线如图 1-15 所示。

(2)当表示曲线轮廓上各点的坐标时，可将尺寸线或其延长线作为尺寸界线，如图 1-16 所示。

(3)尺寸界线一般应与尺寸线垂直，必要时才允许倾斜，如图 1-17 所示。

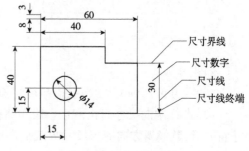

图 1-15 尺寸要素的标注

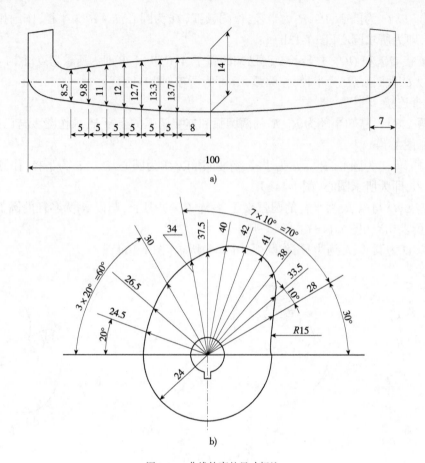

图1-16 曲线轮廓的尺寸标注

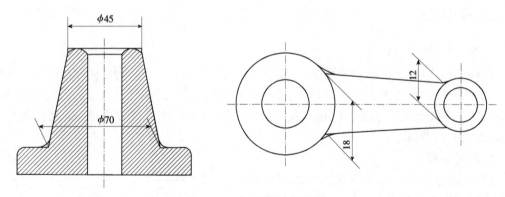

图1-17 尺寸界线和尺寸线斜交

2)尺寸线

(1)尺寸线用细实线绘制,应与被注长度平行,图样本身的任何图线均不得用作尺寸线。

(2)图样中的尺寸起止符号一般用箭头和短斜线绘制,如图1-18所示。用短斜线作起止符号时,其倾斜方向应与尺寸界线成顺时针45°角,长度宜为2~3mm。半径、直径、角度与弧长的尺寸起止符号宜用箭头表示。

3）尺寸数字

（1）图样上的尺寸应以尺寸数字为准，不得从图上直接量取。

（2）尺寸数字的方向，应按图1-19a)的形式注写，若尺寸数字在30°斜区内，宜按图1-19b)的形式注写。

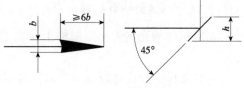

图1-18　尺寸起止符号
b-粗实线的宽度；h-字体高度

（3）线性尺寸的数字一般应注写在尺寸线的上方中部，如果没有足够的注写位置，最外边的尺寸数字可注写在尺寸界线的外侧，中间相邻的尺寸数字也可错开注写。

（4）尺寸数字可水平地注写在尺寸线的中断处，如图1-20所示。

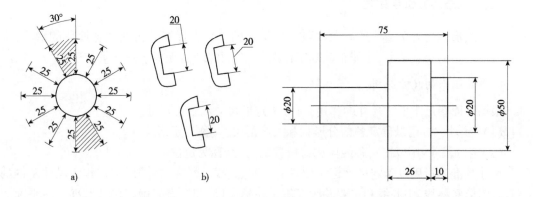

图1-19　尺寸数字注写方向　　　　　图1-20　保持水平方向的尺寸数字

（5）尺寸数字不允许被任何图线所通过，否则需要将图线断开，如图1-20所示。常见的平面图形尺寸标注错误和标注示例，如图1-21所示。

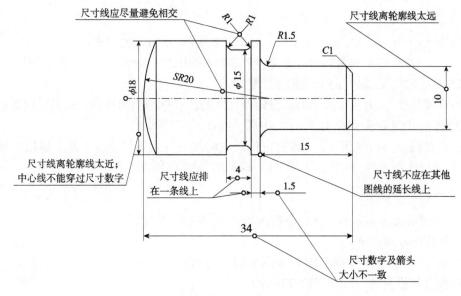

图1-21　尺寸标注分析

2. 尺寸标注的一般规则

(1) 机件的真实大小以图样上所注的尺寸数值为依据,与图形的大小及绘图的准确性无关。

(2) 图样中的尺寸以 mm 为单位时不需标注其计量单位的代号或名称,否则必须标注其计量单位的代号或名称。

(3) 图样中所标注的尺寸,为该图样所示机件的最后完工尺寸,否则应另附说明。

(4) 机件的每一尺寸,在图样上一般只标注一次,并应标注在反映该结构最清晰的图形上。

三、平面图形分析与绘制

平面图形是由若干直线段和曲线段连接组成的。只有详细分析图中各线段的形状、大小和线段之间的相互关系,才能正确确定作图的方法和步骤,提高绘图质量和速度。

1. 平面图形的尺寸分析

根据平面图形中所注尺寸的作用,可分为定形尺寸和定位尺寸。

(1) 定形尺寸:用以确定各部分形状和大小的尺寸,称为定形尺寸。

(2) 定位尺寸:用以确定各线段相对位置的尺寸,称为定位尺寸。

尺寸基准是指用以确定尺寸标注位置的一些点、线、面等。在图形中常作为尺寸基准的要素有图形对称线、中心线和主要轮廓线等。在标注尺寸时,需先确定尺寸基准。在平面图形中,长度和宽度方向至少各有一个主要基准,还允许有一个或几个辅助基准。

图 1-22 所示汽车起重吊钩平面图形中,长度和宽度方向的主要基准分别为 $\phi48$ 圆的垂直和水平方向的对称中心线;定形尺寸有 $\phi20$、25、$\phi48$、$R40$、$R45$、$R50$、$R7$、$R15$、40 等;定位尺寸有 70、7、62 等。

2. 平面图形的线段分析

根据图形中所注尺寸,图中的线段可分为已知线段、中间线段和连接线段。

(1) 已知线段:定形和定位尺寸齐全,可以直接画出的线段称为已知线段。如图 1-22 中 $\phi20$、$\phi25$ 对应的线段,$\phi48$、$R50$ 对应的圆弧等。

(2) 中间线段:只有定形尺寸和部分定位尺寸的线段称为中间线段。此类线段需根据相邻已知线段的几何关系求出,如图 1-22 中两个 $R45$ 对应的圆弧。

(3) 连接线段:只有定形尺寸,没有定位尺寸的线段称为连接线段。此类线段需根据相邻的其他线段作图求得,如图 1-22 中 $R15$、$R40$、$R7$ 对应的圆弧。

3. 平面图形的绘制

在对图形的尺寸和各组成线段分析的基础上,按以下步骤进行绘图。

(1) 选定图幅和比例。

(2) 布图,画出各方向的基准线,如图 1-23a) 所示。

(3) 画已知线段和圆弧,如图 1-23b) 所示。

(4) 画中间线段和圆弧,如图 1-23c) 所示。

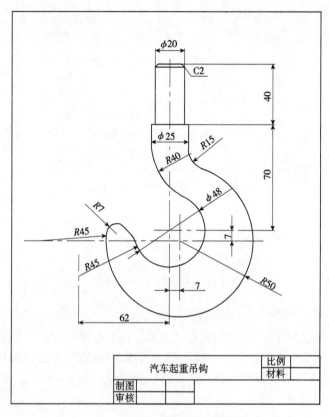

图 1-22 汽车起重吊钩平面图形

（5）画连接圆弧，如图 1-23d）所示。
（6）检查并加深图线，如图 1-23e）所示。
（7）标注尺寸，填写标题栏，完成作图，如图 1-22 所示。

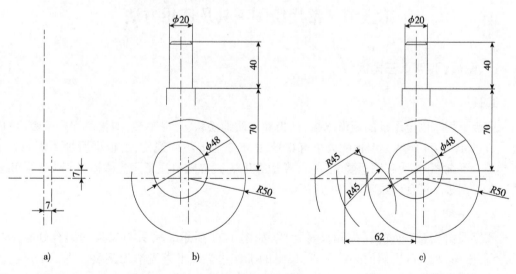

图 1-23

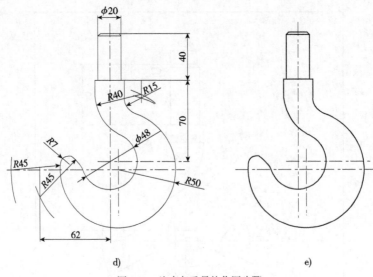

图 1-23 汽车起重吊钩作图步骤

4. 平面图形的尺寸标注

在平面图形中标注尺寸时,需先确定尺寸基准。尺寸基准是指用以确定尺寸标注位置的一些点、线、面。在图形中常作为尺寸基准的要素有图形对称线、中心线和主要轮廓线等。在平面图形中,长度和宽度方向至少各有一个主要基准,还允许有一个或几个辅助基准。

标注尺寸的一般步骤:

(1)分析图形结构,确定各方向的主要基准。

(2)确定图形中各线段的性质,按已知线段、中间线段、连接线段的顺序逐次标出各线段的定形尺寸和定位尺寸。

标注尺寸时,要求做到正确、清晰、完整。

第三节　常用绘图工具及使用方法

一、图板、丁字尺、三角板

1. 图板

图板是用来固定图纸的矩形木板,其板面应质地松软、光滑平整,图板两端要平整,角边应垂直,如图 1-24 所示。图板的大小有 0 号、1 号、2 号等不同规格,可根据所画图幅的大小而选定。不画图时,应将图板竖立保管(长边在下面),并随时注意避免碰撞或刻损表面和硬木边条。图板不能受潮或曝晒,以防变形。

2. 丁字尺

丁字尺由相互垂直的尺头和尺身构成,如图 1-24 所示。尺头与尺身的结合处必须牢固,不能松动,尺头的内侧面必须平直,尺身的工作边必须平直光滑无刻痕。将丁字尺与图板配合使用主要用来画水平线。画水平线时,铅笔应沿着尺身工作边从左画到右,如图 1-25

所示。沿水平线较多，则应由上而下逐条画出。丁字尺每次移动位置都要注意尺头是否紧靠图板，画线时应防止尺身移动。

3. 三角板

一副三角板是由 30°和 45°两块三角板组成。三角板与丁字尺配合使用主要是用来画垂直线和倾斜线。画垂直线时，应使丁字尺尺头紧靠图板左边硬木边条，三角板的一直角边紧靠住丁字尺的工作边，然后用左手按住丁字尺和三角板，右手握笔画线，且应靠在三角板的左边自下而上画出垂直线，如图 1-26 所示。

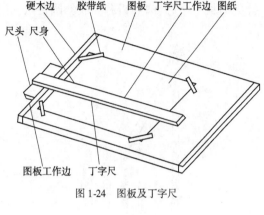

图 1-24 图板及丁字尺

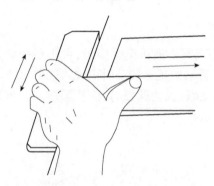

图 1-25 用丁字尺画水平线

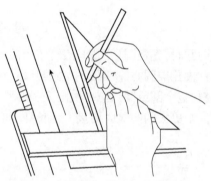

图 1-26 用丁字尺和三角板画垂直线

用一副三角板和丁字尺配合，可画出与水平线成 15°及其倍数角（30°、45°、60°、75°）的倾斜线，如图 1-27 所示。

图 1-27 用丁字尺和三角板画倾斜线

二、铅笔

铅笔是用来画图或写字的，标号 H、2H、…、6H 表示铅芯的硬度，数字愈大表示铅芯愈硬，画底稿时常使用，铅笔尖应削成锥状，画出的线颜色较淡，易擦除；标号 B、2B、…、6B 表示铅芯黑度，它前面的数字越大，表明颜色越浓、越黑，加深描粗时常使用；标号 HB 的表示软硬适中，写字时常使用。使用铅笔绘图时，用力要均匀，画长线时要边画边转动铅笔，使线条均匀。

三、圆规和分规

1. 圆规

用来画圆或圆弧的仪器。在一腿上附有插脚，换上不同的插脚，可做不同的用途。如

图 1-28 所示,其插脚有钢针插脚、铅笔插脚和墨水笔插脚三种。使用圆规时,先调整针脚,使针尖略长于铅芯,圆规铅芯削成斜圆柱状,并使斜面向外。

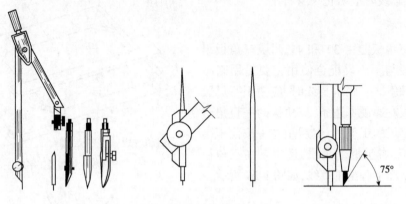

图 1-28 圆规及其附件

画圆时,先把圆规两脚分开,使铅芯与针尖的距离等于所画圆弧半径,再用左手食指来帮助针尖扎准圆心,从圆的中心线开始,顺时针方向转动圆规。转动时圆规可往前进方向稍微倾斜,整个圆或圆弧应一次画完,如图 1-29 所示。画较大的圆弧时,应使圆规两脚与纸面垂直。画更大的圆弧时要接上延长杆,如图 1-30 所示。

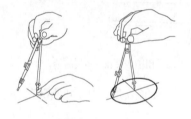

图 1-29 圆规用法

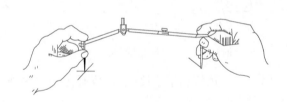

图 1-30 圆规用法

2. 分规

分规是用来等分线段、圆弧或量取长度的工具,如图 1-31 所示。分规的形状像圆规,但两脚都是钢针。量取长度是从直尺或比例尺上量取需要的长度,然后移动到图纸上各个相应的位置。

四、曲线板

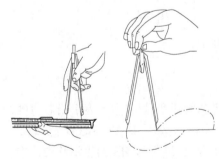

图 1-31 分规用法

曲线板是用来画非圆曲线,其轮廓线由多段不同曲率半径的曲线组成。曲线板内外边缘应光滑,曲率变化自然。在使用曲线板之前,必须先定出曲线上的若干控制点。用铅笔徒手顺着各点轻轻地勾画出曲线,如图 1-32a)所示,所画曲线的曲率变化应很顺畅。然后选择曲线板上曲率相应的部分,分几次画成。每次至少应有 3 点与曲线板曲率相吻合,并应留出一小段,作为下次连接其相邻部分之用,以保持线段的顺滑,如图 1-32b)~e)所示。

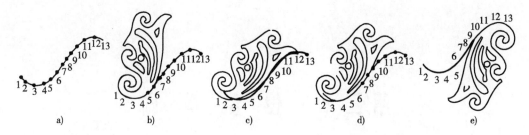

图 1-32　曲线板的用法

除以上基本绘图工具外,还有一些其他制图工具,包括:橡皮、单双面刀片、擦线板、绘图墨水笔、墨线笔、透明胶带等。

复习思考题

在 A3 图纸上选择合适比例绘制图 1-33 所示图形。

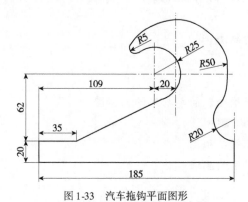

图 1-33　汽车拖钩平面图形

第二章 投影基础

知识点

1. 正投影法的基本性质。
2. 三视图的形成及投影规律。
3. 三视图的画法。
4. 基本几何元素(点、线、面)的投影。
5. 基本几何体的投影。
6. 截交线与相贯线的画法。

技能目标

1. 会运用正投影法正确绘制简单物体的三视图。
2. 会阅读简单物体的三视图。
3. 能由两个视图补画第三视图。
4. 掌握截交线和相贯线的画法。

第一节 投 影 法

一、投影图的形成及概念

在自然界,当空间物体在灯光或日光照射下,在物体后的地面或墙面上就会产生物体的影子,如图 2-1 所示。这个影子产生的必要条件是要有光源、物体、成影面,并且影子与物体之间存在着相互对应关系。为了能用平面图形完整、准确地表达空间物体的结构,于是人们将这种自然现象经过几何抽象,按照一定的规则把它表达出来,就形成了用平面图形表达空间物体的基本方法——投影法,其构成要素如图 2-2 所示。

投射中心:好比自然现象中的光源,如图 2-2 中的 S 点。
投射线:好比光源发出的光线,来自投射中心的直线。
形体:自然界中的物体,投射对象。
投影面:好比自然现象中的地面或墙面被抽象化后的二维平面。
投影图:好比影子,投射中心发出一束投射线,将形体向投影面进行投影,在投影面上得到的图形。

图 2-1　自然现象

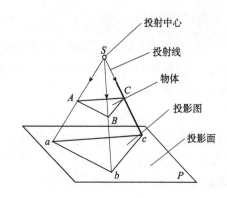

图 2-2　中心投影法

投影法：投射线通过形体，向指定的面投射，并在该面上得到图形的方法。

二、投影法的分类

根据投射线类型和方向的不同，投影法分为中心投影法和平行投影法。

1. 中心投影法（图 2-2）

所有投射线都汇交于一点的投影法称为中心投影法。用中心投影法得到的投影图的大小与物体的位置有关，当物体靠近或远离投影面时，它的投影图就会变小或变大，且一般不能反映物体的真实形状和大小，所以绘制工程图样时不采用中心投影法，一般用于建筑物透视图的绘制。

2. 平行投影法（图 2-3）

当投射中心位于无穷远处时，则投射线互相平行，这种投影法称为平行投影法。在平行投影法中，当平行移动物体时，投影图的形状和大小不会改变。按投射方向与投影图是否垂直，平行投影法又分为斜投影法和正投影法。投射线倾斜于投影面时称为斜投影法，如图 2-3a)所示；投射线垂直于投影面时称为正投影法，如图 2-3b)所示。工程图样就是采用正投影法绘制出来的，本书重点介绍正投影的基本原理和作图方法。

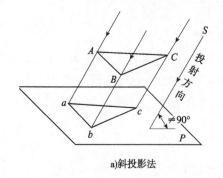

a) 斜投影法　　　　　　　　　　b) 正投影法

图 2-3　平行投影法

三、正投影法的基本性质

物体的形状千差万别、多种多样,但它们的表面都是由最基本的直线和平面围成的。物体的投影就是这些线和面投影的组合,要想知道物体的正投影基本性质,首先要研究直线和平面的正投影特性。

1. 实形性

当直线平行于投影面,其投影反映线段的实长;当平面平行于投影面,其投影反映平面的实形,如图2-4所示。

2. 积聚性

当直线垂直于投影面,其投影积聚为点;当平面垂直于投影面,其投影积聚为线,如图2-5所示。

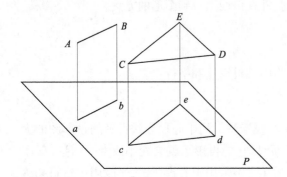

图2-4 实形性

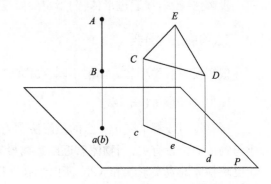

图2-5 积聚性

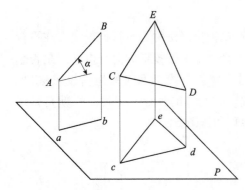

图2-6 类似性

3. 类似性

当直线或平面倾斜于投影面时,直线的投影仍是直线,平面的投影为原图形的类似形,且直线或平面图形的投影均小于实长或实形,如图2-6所示。注:类似形不同于相似形,它的特点是与原图形的基本特性不变,即两者的边数、凹凸、曲直、平行关系不变。

4. 从属性

直线上的点,或平面上的点和直线,其投影仍然在该直线或平面的投影上,如图2-7所示。空间点 C 在线段 AB 上,则 C 点的投影 c 也一定在线段投影 ab 上[图2-7a)]。空间线段 AD 在平面 ABC 上,其投影 ad 一定在 abc 上[图2-7b)]。

5. 等比性

当一点把直线分成两段,则该两线段之比必等于其投影之比。如图2-8所示,$AK/KB = ak/kb$。

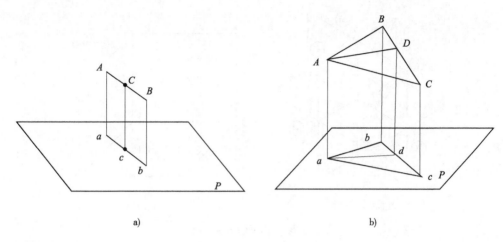

　　　　a)　　　　　　　　　　　　　　　b)

图 2-7　从属性

6. 平行性

如果空间两直线平行,则它们的投影仍然互相平行,且两直线的长度比等于它们投影的长度比(等比性)。如图 2-9 所示,当空间线段 AB//CD,则其投影 ab//cd。

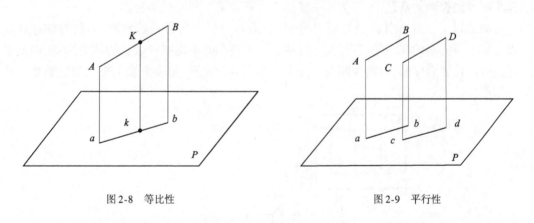

图 2-8　等比性　　　　　　　　　　　图 2-9　平行性

第二节　三　视　图

一、三投影面体系的建立

在笛卡儿直角坐标系中,将三维空间分为八个象限(分角),每个象限的位置如图 2-10a)所示。国家标准规定,我国采用第一象限投影法(简称第一角画法)绘制图样,而国际上有的国家(如美国、日本等)则采用第三象限投影法(简称第三角画法)。在第一象限中,由正立投影面 V、水平投影面 H 和侧立投影面 W 共三个相互垂直的投影面(分别简称为 V 面、H 面和 W 面)构成的投影面体系称为三投影面体系,如图 2-10b)所示。三投影面两两相交产生的交线 OX、OY、OZ 称为投影轴,简称为 X 轴、Y 轴和 Z 轴。

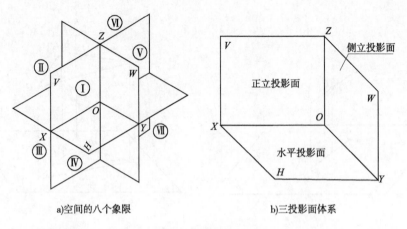

a) 空间的八个象限　　　　b) 三投影面体系

图 2-10　投影体系

二、三视图的形成及投影规律

用正投影法,将物体向某一投影面进行投影,所得到的投影图叫做视图。在国家标准《机械制图》(GB/T 4457.4—2002)中规定,通常把人类的视线看成是投射线,那么这个投影过程所遵循的投影关系是:人—物体—投影面。符合第一象限投影法。

由图 2-11 中三个物体的投影情况可知,当沿着一个方向进行投影时,不同的物体在这个投影面上所得到的视图是相同的。这说明,一个视图并不能唯一表达物体的形状,因此必须建立一个投影面体系,将物体同时向几个投影面进行投影,用多个视图来准确完整地表达物体的形状。

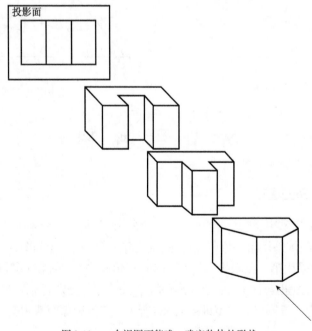

图 2-11　一个视图不能唯一确定物体的形状

1. 三视图的形成

将物体置于三投影面体系中,用正投影法将物体分别向 V、H、W 三个面进行投影,即得到物体的三个投影,分别是正面投影、水平投影和侧面投影。其中,物体的可见轮廓线用粗实线表示,不可见轮廓线用虚线表示。

投影后将物体移开,让正立投影面 V 面保持不动,将水平投影面 H 面连同其投影绕 X 轴向下旋转90°,侧立投影面 W 面连同其投影绕 Z 轴向右旋转90°,使 H 和 W 面与 V 面展开在同一平面上,如图 2-12 所示。由于投影面的边框与三个投影图无关,所以约定投影面的边框略去不画,从而得到物体的三视图。

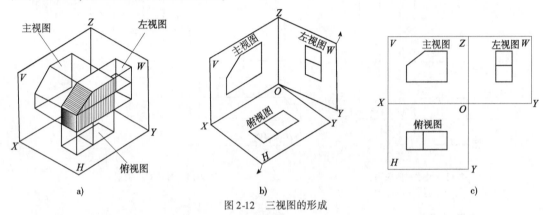

图 2-12 三视图的形成

物体在正立投影面 V 上的投影,称为主视图;
物体在水平投影面 H 上的投影,称为俯视图;
物体在侧立投影面 W 上的投影,称为左视图。

根据三个投影面的相对位置及其展开的规定,得出三视图的位置关系是:以主视图为准,俯视图在主视图的正下方,左视图在主视图的正右方,如图 2-12c) 所示。

2. 三视图的投影规律

1) 尺寸对应关系

我们知道,空间物体具有长、宽、高三个方向上的尺寸,而坐标系中 X、Y、Z 轴分别代表物体的长、宽、高三个方向尺寸,如图 2-13 所示,一个物体的长、宽、高在三视图中被分别反映了两次。

其中,主视图反映物体的长和高,俯视图反映物体的长和宽,左视图反映物体的宽和高。则主视图和俯视图同时反映了物体的长度,所以这两个视图长要对正;主视图和左视图同时反映了物体的高度,所以这两个视图高要平齐;俯视图和左视图同时反映了物体的宽度,所以这两个视图宽要相等。由此总结出三视图的投影规律(又称三等关系):

主、俯视图长对正;
主、左视图高平齐;
俯、左视图宽相等。

2) 方位对应关系

我们知道,空间物体有上、下、左、右、前、后六个方位。那么,在二维三视图中这些方位关系是如何体现的呢？由图 2-14 可知，主视图能够反映物体的上、下、左、右四个方位，俯视图能反映物体的左、右、前、后四个方位，左视图能反映物体的上、下、前、后四个方位。

为了更好地区分方位关系，总结如下三句话：

主、俯视图分左右。

主、左视图看上下。

俯、左视图辨前后。

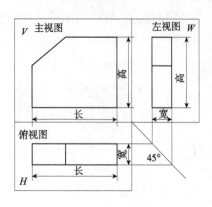
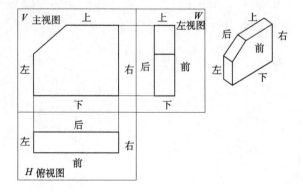

图 2-13　尺寸对应关系　　　　　　　　　　图 2-14　方位对应关系

三、三视图的画法

(1) 物体放正，选择主视图的投影方向。一般选择反映物体形状特征最多的方向作为主视图的投影方向，且最长的方向作为 X 轴方向。

(2) 画主视图。

(3) 逐个画其他视图（画第三个视图时，尺寸应由其他两个视图根据"三等关系"来确定）。

(4) 看不见的线用虚线表示。

(5) 检查加粗。

【例题 2-1】　试画出图 2-15 所示物体的三视图。

解：图 2-15a) 中的立体可以看成是在一个弯板的左前方切去一个小长方体，在弯板的右上方切去一个小三棱柱得到的，切割过程如图 2-15b) 所示。对于初学者，可以按照立体的切割过程来绘制三视图，熟练后可以画出立体完整的主视图，然后画其他视图。

作图：(1) 确定投影方向，如图 2-15 所示，以箭头方向作为主视图投射方向来作图。

(2) 画弯板的三视图[图 2-16a)]。先画反映弯板的形状特征的主视图，然后根据三等关系画出俯视图和左视图。

(3) 画切割小长方体的三视图[图 2-16b)]。先画水平投影，由于是切割，擦去左前角两条线段，根据三等关系，再画主视图，切割面积聚为线段。同理再画左视图。

(4) 画切割小三棱柱的三视图[图 2-16c)]。侧面投影反映形状特征，先画左视图的斜线段，擦除多余线条，再根据三等关系，画出主视图和俯视图。

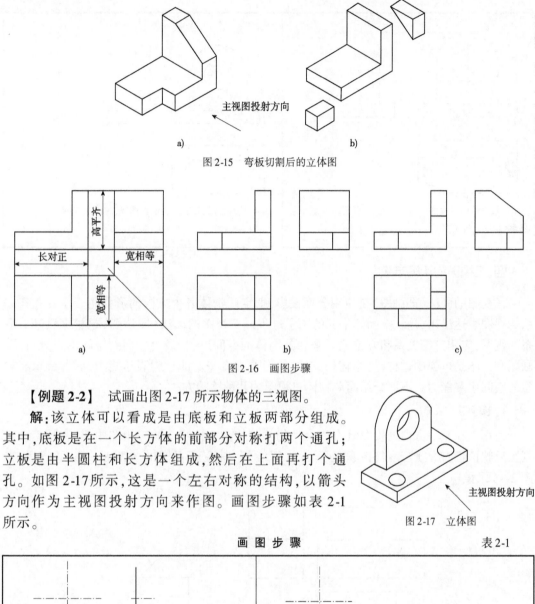

图 2-15 弯板切割后的立体图

图 2-16 画图步骤

【例题 2-2】 试画出图 2-17 所示物体的三视图。

解：该立体可以看成是由底板和立板两部分组成。其中，底板是在一个长方体的前部分对称打两个通孔；立板是由半圆柱和长方体组成，然后在上面再打个通孔。如图 2-17 所示，这是一个左右对称的结构，以箭头方向作为主视图投射方向来作图。画图步骤如表 2-1 所示。

图 2-17 立体图

画 图 步 骤　　　　　　　　　表 2-1

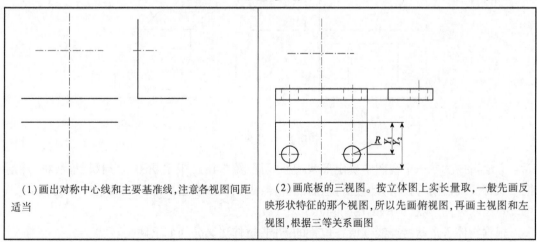

| (1) 画出对称中心线和主要基准线，注意各视图间距适当 | (2) 画底板的三视图。按立体图上实长量取，一般先画反映形状特征的那个视图，所以先画俯视图，再画主视图和左视图，根据三等关系画图 |

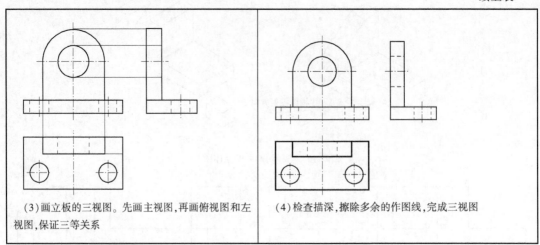

(3)画立板的三视图。先画主视图,再画俯视图和左视图,保证三等关系 | (4)检查描深,擦除多余的作图线,完成三视图

四、三视图的读图方法

三视图的画法(即画图)是应用分面投影,把空间物体各个方向的形状用三个互相有联系的视图表达出来,是从空间到平面的图示过程。三视图的读法(即读图)是根据已知有联系的视图,应用三等关系和方位关系来想象物体的空间形状,是由平面到空间的思维过程。画图和读图是可逆的过程,是相辅相成的,前者要求有一定的投影表达能力,后者要求有较强的空间想象能力。下面介绍简单物体三视图的几种读图方法。

1. 拉伸法

适用于在某一方向的投影具有积聚性的柱状体。在柱状体的三视图中,具有积聚性的视图反映该面的实形,该视图称为形状特征线框,其余两视图的轮廓是一组平行线,如图2-18所示。

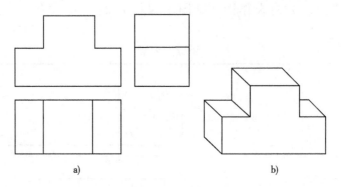

图2-18 柱状体

方法:首先,在三个视图中确定形状特征线框,图2-18a)中主视图是形状特征线框,然后把形状特征线框沿着投射方向进行前后的拉伸,由俯视图或左视图可以确定拉伸的长度,即可设想出物体的形状,如图2-18b)所示。

根据物体各形状特征线框所在位置的不同,拉伸法又分为如下两类。

1) 分层拉伸法

当形状特征线框都集中在一个视图时,可先根据位置特征视图,确定各形状特征线框的位置,再分别把各形状特征线框沿其投射方向拉伸到给定距离,即形成多层的柱状体。

【例题 2-3】 已知如图 2-19a)所示三视图,设想其结构。

解:由三视图可以看出,该物体由两个形状特征线框,且都反映在左视图上,此时适合采用分层拉伸法。将小圆沿着左右进行拉伸,拉伸到指定的距离(主视图或俯视图中小矩形的长度),将大圆也沿着左右进行拉伸,拉伸到指定距离,从而得到如图 2-19b)所示的结构。

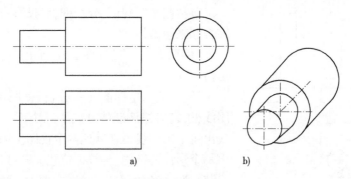

图 2-19 分层拉伸法

2) 分向拉伸法

当形状特征线框分别在不同的视图上,把各形状特征线框分别放在 V、H、W 面上,沿着不同的投射方向拉伸,则形成具有不同方向特征形状的柱状类物体;再按照形体与形体间的位置关系进行组装,从而得到最终的整体。

【例题 2-4】 如图 2-20a)所示的三视图,设想其整体形状。

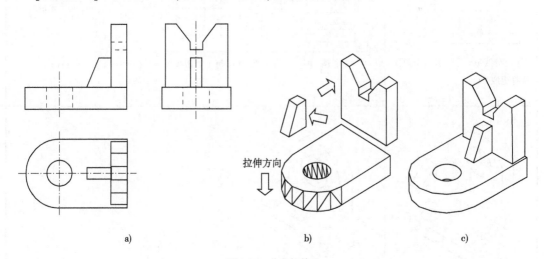

图 2-20 分向拉伸法

解:该物体由三个部分所组成——立板、底板和支撑板,并且这三部分都属于柱状体。其中立板的形状特征线框反映在左视图上,底板的形状特征线框在俯视图上,支撑板的形状特征线框在主视图上,此时可采用分向拉伸法。如图 2-20b)所示,沿着不同的投射方向拉伸,立板的形状特征线框沿着左右进行拉伸,底板的形状特征线框沿着上下进行拉伸,支撑板的形状特征线框沿着前后进行拉伸。最后根据彼此之间的相对位置关系进行组装,从而得到最终的物体,如图2-20c)所示。

2. 形体分析法

形体分析法就是将复杂的形体分成若干基本形体,应用三等关系,逐一找出每个基本形体的投影,想清楚它们的空间形状,再根据基本形体的组合方式——叠加或切割,和各形体之间的相对位置,综合想象出物体的整体形状。

概括起来三句话:分线框,对投影;识形体,定位置;综合起来想整体。

【例题 2-5】 已知图 2-21 所示的三视图,试想出其结构。

解:一般从主视图入手分析,该图可以分成三个封闭线框,它们把该形体分成了三个部分,根据三等关系找出每个封闭线框在其他两个视图上的投影,从而先想出每个形体的结构,再根据位置关系将这三个部分进行组装,最后综合起来想整体,具体读图步骤如表2-2所示。

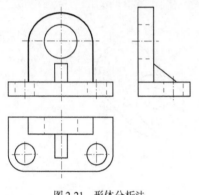

图 2-21 形体分析法

读 图 的 步 骤　　　　　　　　　　　表 2-2

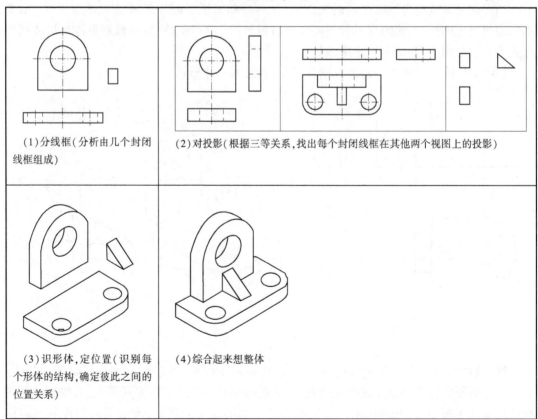

| (1) 分线框(分析由几个封闭线框组成) | (2) 对投影(根据三等关系,找出每个封闭线框在其他两个视图上的投影) |
| (3) 识形体,定位置(识别每个形体的结构,确定彼此之间的位置关系) | (4) 综合起来想整体 |

第三节　基本几何元素的投影

基本几何体是由基本几何元素——点、线、面构成的,学习和掌握这些基本几何元素的投影特性,对分析和阅读基本几何体的投影是十分重要的。

一、点的投影

1. 点的投影规律

点的投影仍然是点,且空间一点在某一个投影面上只有唯一的投影。反之,当已知点在某一个投影面上的投影时,却不能确定该点在空间的唯一位置。

如图 2-22 所示,将点 A 放在三投影面体系中,分别向三个投影面 V 面、H 面、W 面作正投影,得到点 A 的水平投影 a、正面投影 a′、侧面投影 a″。

标记统一规定为:空间点用大写字母 A、B、C…表示,水平投影用相应的小写字母 a、b、c…表示,正面投影用相应的小写字母加一撇 a′、b′、c′…表示,侧面投影用相应的小写字母加两撇 a″、b″、c″…表示。

将三投影面体系展开,便得到点 A 的三视图,如图 2-23 所示。由此可以得出点在三投影面体系的投影特性是:

(1) 点 A 的 V 面投影和 H 面投影的连线垂直于 OX 轴,即 a′a⊥OX(长对正)。

(2) 点 A 的 V 面投影和 W 面投影的连线垂直于 OZ 轴,即 a′a″⊥OZ(高平齐)。

(3) 点 A 的 H 面投影到 OX 轴的距离等于点 A 的 W 面投影到 OZ 轴的距离,即 aa_x = $a″a_z$(宽相等),作图时可以用圆弧或 45°线来反映该关系。

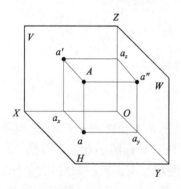

图 2-22　点在三投影面体系中

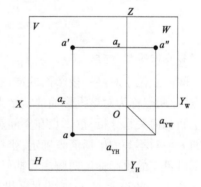

图 2-23　点 A 的三视图

在三投影面体系中引入笛卡儿坐标系,以 H、V、W 三个投影面为坐标面,以三根投影轴 OX、OY、OZ 为坐标轴,点 O 为坐标原点。于是空间点 A 便可用三个坐标值,即点 A 分别到 W、V、H 三个投影面的距离 x、y、z 来确定,由此:

点 A 到 W 面的距离 $Aa″ = a′a_z = aa_y = Oa_x = x$;

点 A 到 V 面的距离 $Aa′ = aa_x = a″a_z = Oa_y = y$;

点 A 到 H 面的距离 $Aa = a′a_x = a″a_y = Oa_z = z$。

水平投影由 X 与 Y 坐标确定 $(Z=0)$，正面投影由 X 与 Z 坐标确定 $(Y=0)$，侧面投影由 Y 与 Z 坐标确定 $(X=0)$。点的任何两个投影可反映点的三个坐标值，即可以确定该点的空间位置。

2. 两点的相对位置分析

在投影图上判断空间两个点的相对位置，就是分析两点之间上、下、左、右、前、后的方位关系，如图 2-24a) 所示。

由正面投影或侧面投影可判断两点间的上、下关系（Z 坐标差），$\Delta Z = Z_a - Z_b < 0$，所以点 A 在点 B 的下方；

由正面投影或水平投影可判断两点间的左、右关系（X 坐标差），$\Delta X = X_a - X_b > 0$，所以点 A 在点 B 的左方；

由水平投影或侧面投影可判断两点间的前、后关系（Y 坐标差），$\Delta Y = Y_a - Y_b > 0$，所以点 A 在点 B 的前方，如图 2-24b) 所示。

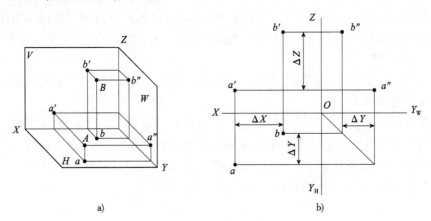

图 2-24 两点的相对位置

3. 重影点的投影分析

当空间两点位于对某一投影面的同一条投射线上时，则此两点在该投影面上的投影重合为一点，此两点称为对该投影面的重影点。

从空间几何关系分析，重影点在空间直角坐标系中有两对坐标值分别相等，其可见性则由它们的另一对不等的坐标值来确定，坐标值大者为可见，坐标值小者为不可见。画投影图时应在不可见点的投影标记两侧注写括号，如图 2-25 所示。由正面投影可知，坐标 $Z_a > Z_b$，说明点 A 在点 B 的正上方，点 A 的水平投影是可见的，点 B 的水平投影被点 A 遮住了，是不可见的，所以点 B 的水平投影加括号，点 A 和点 B 是重影点。同理，由水平投影可知，坐标 $Y_c > Y_d$，说明点 C 在点 D 的正前方，点 C 的正面投影是可见的，点 D 的正面投影被点 C 遮住了，是不可见的，所以点 D 的正面投影加括号，点 C 和点 D 是重影点。

二、直线的投影

我们知道，空间两点可以确定一条直线。前面学习了点的投影，只需作出直线上任意两点的投影，然后将这两点的同名投影相连即可确定直线的投影。

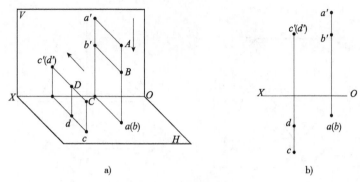

图 2-25 重影点

已知两点 $A(x_A, y_A, z_A)$ 和 $B(x_B, y_B, z_B)$ 的空间位置，可首先绘出该两点的三视图，如图 2-26a) 所示，然后将这两点的同面投影相连，即可得直线的三视图，如图 2-26b) 所示。由此也可得出结论：在一般情况下，直线的投影仍是直线。而当直线上两点为某一投影面上的重影点时，则直线垂直于该投影面，直线在该投影面上积聚为一点。

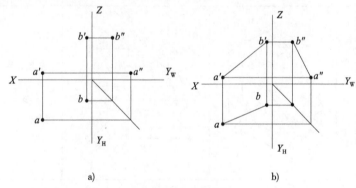

图 2-26 直线的投影

1. 各种位置直线的投影特性

在三投影面体系中，直线对投影面的相对位置有三种：投影面平行线、投影面垂直线、投影面倾斜线。前两种称为特殊位置直线，后一种称为一般位置直线。

直线与投影面所夹的锐角称为此直线对该平面的倾角。统一规定：直线与 H、V、W 三投影面所夹的角分别用 α、β、γ 表示，如图 2-27 所示。当直线平行于投影面时，倾角为 0°；当直线垂直于投影面时，倾角为 90°；当直线倾斜于投影面时，倾角在 0°～90°之间。

1) 投影面平行线

在三投影面体系中，平行于一个投影面且与其他两投影面都倾斜的直线称为投影面平行线。

根据该直线平行于哪一个投影面又分为三种：

正平线：直线平行于 V 面（$\beta = 0$），与 H、W 面都倾斜。

水平线：直线平行于 H 面（$\alpha = 0$），与 V、W 面都倾斜。

侧平线：直线平行于 W 面（$\gamma = 0$），对 H、V 面都倾斜。

其投影图和投影特性如表 2-3 所示。

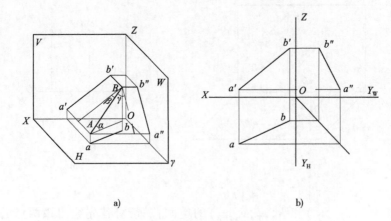

图 2-27 直线与三投影面的夹角

投影面平行线　　　　　　表 2-3

名 称	立 体 图	投 影 图	投 影 特 性
正平线（平行于 V 面且倾斜于 H、W 面的直线）			正面投影 $a'b'$ 反映实长 AB，且反映直线 AB 与 H 面的倾角 α 与 AB 与 W 面的倾角 γ 的真实大小
水平线（平行于 H 面且倾斜于 V、W 面的直线）			水平投影 ab 反映实长 AB，且反映直线 AB 与 V 面的倾角 β 及 AB 与 W 面的倾角 γ 的真实大小
侧平线（平行于 W 面且倾斜于 V、H 面的直线）			侧面投影 $a''b''$ 反映实长 AB，且反映直线 AB 与 V 面的倾角 β 及 AB 与 H 面的倾角 α 的真实大小

2)投影面垂直线

在三投影面体系中,垂直于一个投影面且必平行于另两个投影面的直线称为投影面垂直线。根据该直线垂直于不同的投影面又分为三种:

正垂线:直线垂直于 V 面,此时,$\beta = 90°$,$\alpha = \gamma = 0°$。
铅垂线:直线垂直于 H 面,此时,$\alpha = 90°$,$\beta = \gamma = 0°$。
侧垂线:直线垂直于 W 面,此时,$\gamma = 90°$,$\alpha = \beta = 0°$。

其投影图和投影特性如表 2-4 所示。

投 影 面 垂 直 线   表 2-4

名 称	立 体 图	投 影 图	投 影 特 性
正垂线(垂直于 V 面且平行于 H、W 面)	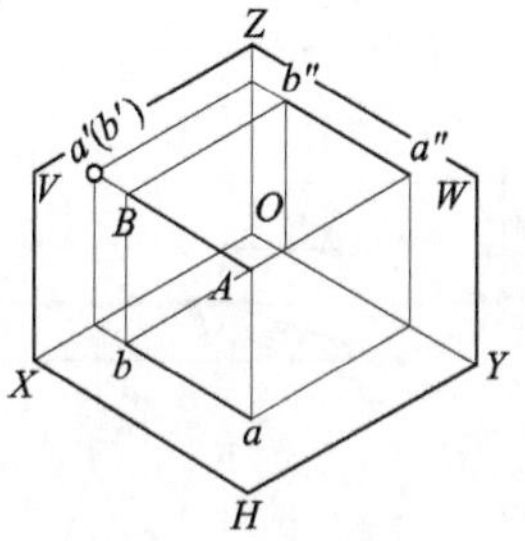	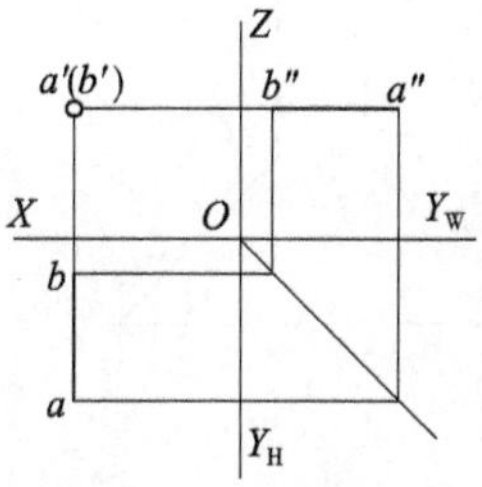	正面投影 $a'b'$ 积聚为一点;侧面投影与水平投影反映实长 AB
铅垂线(垂直于 H 面且平行于 V、W 面)	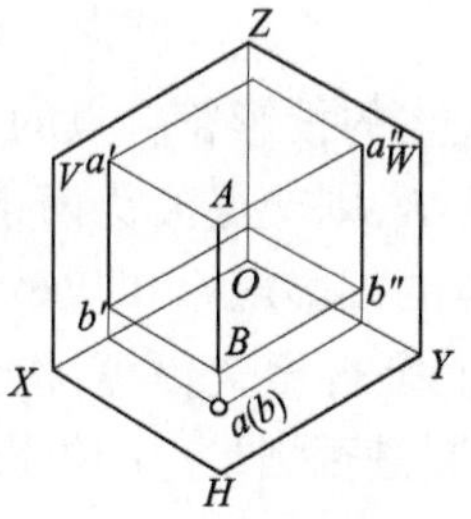	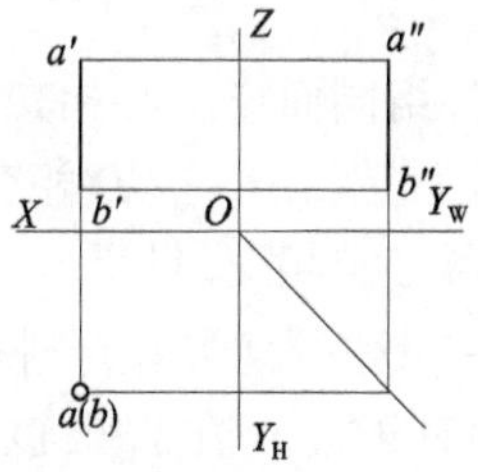	水平投影 ab 积聚为一点;正面投影与侧面投影反映实长 AB
侧垂线(垂直于 W 面且平等于 V、H 面)	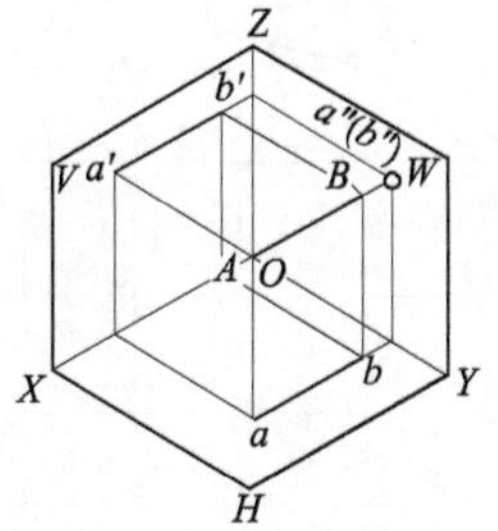	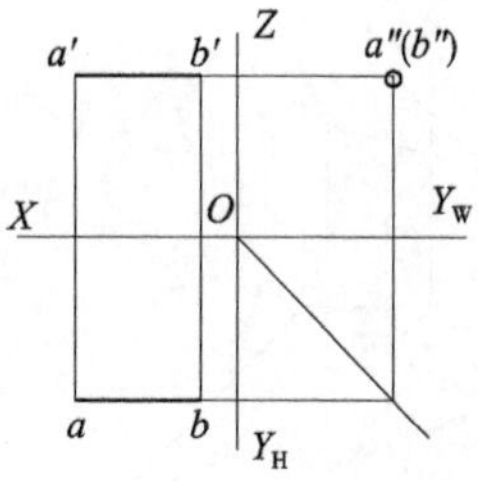	侧面投影 $a''b''$ 积聚为一点;正面投影与水平投影反映实长 AB

3)一般位置直线

一般位置直线与 V、H、W 三个投影面均为倾斜,其三个投影的长度都小于实长,且它们与投影轴的夹角不反映该直线与投影面的倾角,如图 2-27 所示。

2. 两直线的相对位置

空间两直线的相对位置有三种情况,即平行、相交和交叉(又称异面)。

1）平行两直线

空间两直线平行,由平行性得知其三组同面投影必平行。反之,若有两直线的三组同面投影都平行,则该两直线在空间必相互平行。如图 2-28a)所示,已知空间两直线 $AB/\!/EF$,过 AB、EF 上的两个端点向投影面作投射线,所形成的同面投影也相互平行,即 $ab/\!/ef, a'b'/\!/e'f'$,$a''b''/\!/e''f''$。其投影图如图 2-28b)所示。由等比性,不难得出 $AB/EF = ab/ef = a'b'/e'f' = a''b''/e''f''$。由此可得,空间两平行直线的同面投影必平行,且两平行线段长度之比等于其投影长度之比。

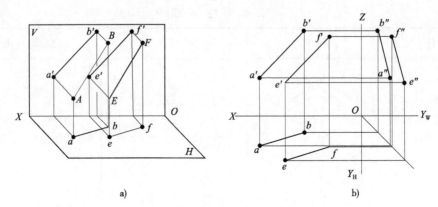

图 2-28 平行两直线

2）相交两直线

空间两直线相交,则其各组同面投影必相交,且交点的投影符合点的投影规律。反之亦然。如图 2-29a)所示,空间两直线 AB 与 CD 相交于点 K,则交点 K 为两条直线的共有点,根据从属性,两直线的同面投影必定相交,且交点符合点的投影规律,即 $kk' \perp OX, k'k'' \perp OZ$,如图 2-29b)所示。因此,对于一般位置直线,要判别它们是否相交,只需检验其任意两面投影产生交点的投影连线是否垂直于投影轴即可,也就是看是否满足点的投影规律。

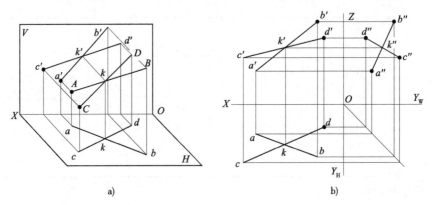

图 2-29 相交两直线

3）交叉两直线

在空间既不平行又不相交的两直线称为交叉两直线。如图 2-30a)所示的两直线 AB 和 CD 为交叉两直线。交叉两直线的三组同面投影不一定都相交,即使都相交,其交点也不符合点的投影规律。我们在交叉两直线的同面投影上看到的交点,实际上是分别在两直线上的两点在该投影面上的重影点。利用重影点的投影特性,可判断两直线的相对位置。如图 2-30a)所示,交叉两直线 AB、CD 上分别有两个点 Ⅲ、Ⅳ(点 Ⅲ 在线段 AB 上,点 Ⅳ 在线段 CD 上),它们在 H 面的重影点为 4(3),由 2-30b)中的投影可知 $Z_{4'} > Z_{3'}$,故 Ⅳ 点在 Ⅲ 点的正上方,Ⅲ 点的水平投影 3 为不可见的,用括号括起来。同理,在 V 面上另一对重影点 Ⅰ、Ⅱ 中,由于 $Y_1 > Y_2$,所以点 Ⅰ 在前,点 Ⅱ 在后,其正面投影 2′ 不可见,用 (2′) 表示。总之,交叉两直线中投影的交点不满足点的投影规律,这是与相交两直线的区别。

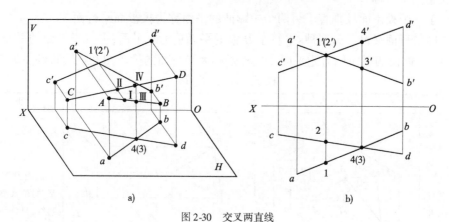

图 2-30 交叉两直线

三、平面的投影

1. 平面的表示法

平面可以由图 2-31 所示的任意一组几何元素确定。

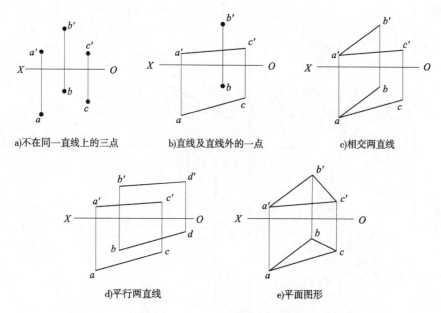

图 2-31 平面的表示法

2. 各种位置平面的投影特性

在三投影面体系中,平面对投影面的相对位置有投影面平行面、投影面垂直面和投影面倾斜面三种。前两种称为特殊位置平面,后一种称为一般位置平面。

平面分别与 H、V、W 面所构成的夹角称为该平面对 H、V、W 面的倾角,分别用 α、β、γ 来表示。显然,当平面平行于投影面时,其倾角为 $0°$;当平面垂直于投影面时,其倾角为 $90°$;当平面倾斜于投影面时,其倾角在 $0° \sim 90°$ 之间。

1)投影面平行面

平行于一个投影面且垂直于另两个投影面的平面称为投影面平行面。

投影面平行面又可分为三种:平行于 H 面的平面称为水平面;平行于 V 面的平面称为正平面;平行于 W 面的平面称为侧平面。各种投影面平行面的投影图和投影特性见表 2-5。

投影面平行面 表 2-5

名 称	立 体 图	投 影 图	投 影 特 性
正平面(平行于 V 面且垂直于 H、W 面的平面)			正面投影反映实形,另两投影积聚为直线,且分别平行于 X 轴和 Z 轴
水平面(平行于 H 面且垂直于 V、W 面的平面)			水平投影反映实形,另两投影积聚为直线,且分别平行于 X 轴和 Y 轴
侧平面(平行于 W 面且垂直于 V、H 面的平面)			侧面投影反映实形,另两投影积聚为直线,且分别平行于 Y 轴和 Z 轴

2) 投影面垂直面

在三投影面体系中垂直于任意投影面,同时与另两个投影面都倾斜的平面,称为投影面的垂直面。

投影面垂直面可分为三种:垂直于 V 面且倾斜于另两个投影面的平面称为正垂面;垂直于 H 面且倾斜于另两个投影面的平面称为铅垂面;垂直于 W 面且倾斜于另两个投影面的平面称为侧垂面。以上三种投影面垂直面的投影图和投影特性见表 2-6。

投 影 面 垂 直 面   表 2-6

名 称	立 体 图	投 影 图	投 影 特 性
正垂面(垂直于 V 面且倾斜于 H、W 面的平面)	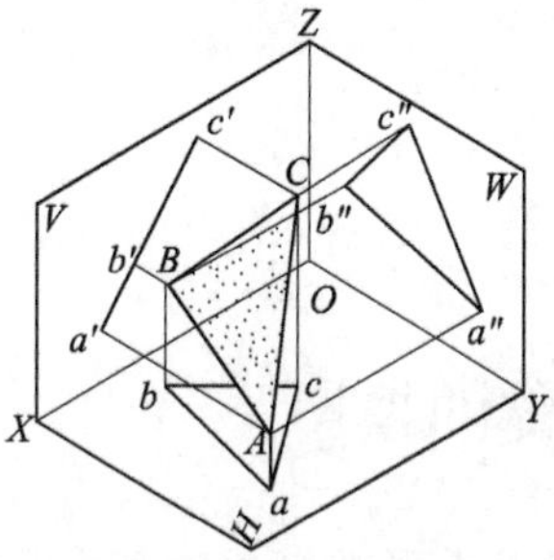	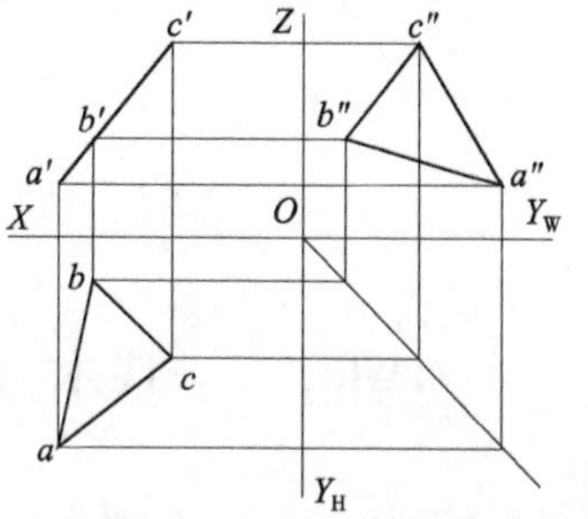	正面投影积聚为直线,且反映对 H 面及 W 面的倾角的真实大小;另两投影为类似形线框
铅垂面(垂直于 H 面且倾斜于 V、W 面的平面)	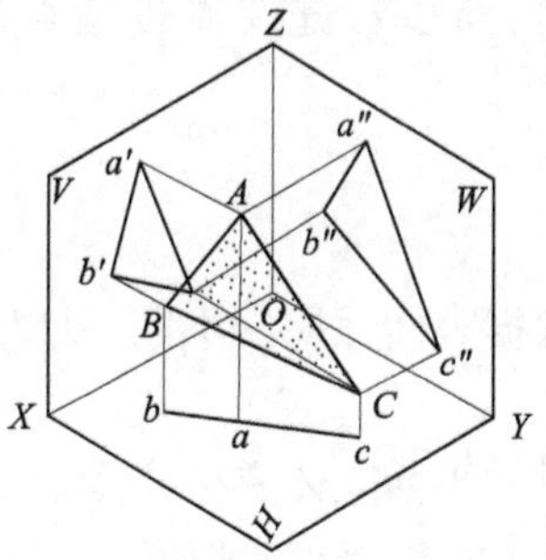	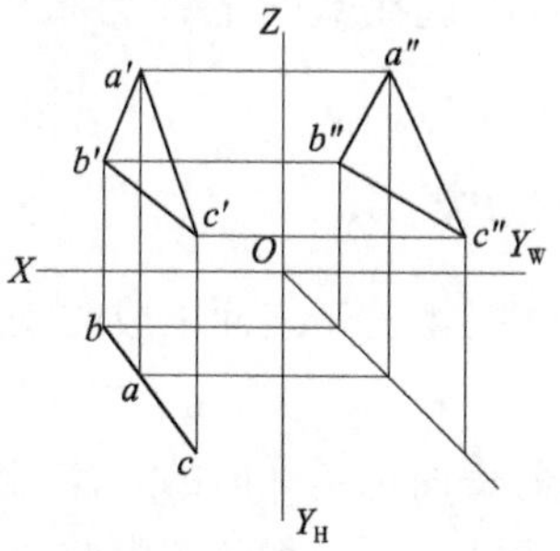	水平投影积聚为直线,且反映对 V 面及 W 面的倾角的真实大小;另两投影类似形线框
侧垂面(垂直于 W 面且倾斜于 V、H 面的平面)	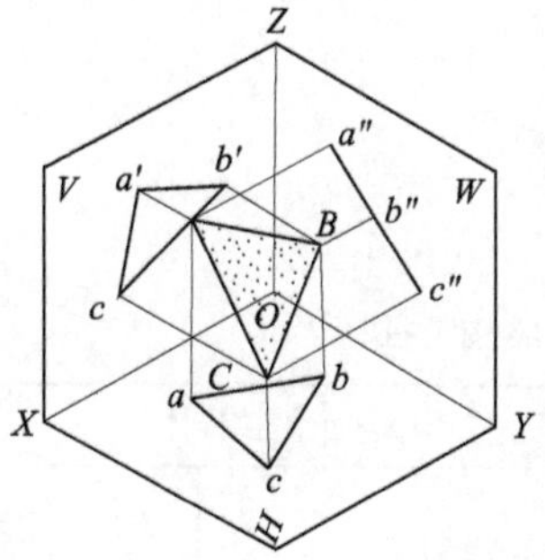	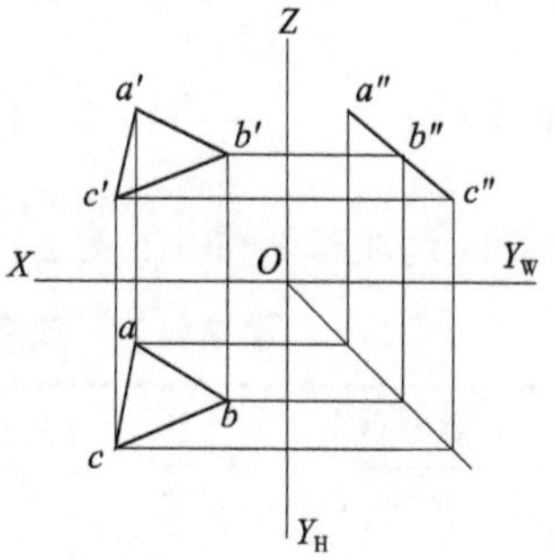	侧面投影积聚为直线,且反映对 V 面及 H 面的倾角的真实大小;另两投影为类似形线框

3) 一般位置平面

既不平行也不垂直于投影面的平面称为一般位置平面。如图 2-32 所示,可直接观察分析得到一般位置平面的投影特性:由于平面倾斜于三个投影面,所以它的三面投影图均为空间平面的类似形,不反映实形,且三个投影图上均不能反映平面与三个投影面倾角的真实大小[图 2-32b)]。

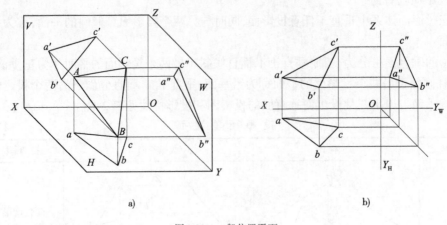

图 2-32　一般位置平面

第四节　基本几何体的投影

任何物体无论其结构形状多么复杂,都可以看成是由形状简单的基本几何体经过叠加或切割的方式组合而成,这在数学上称为布尔运算,所以首先要清楚基本几何体的相关知识。

一、基本几何体的分类

基本几何体可看成是由若干表面围成的立体,根据表面性质的不同,可以分为平面立体和曲面立体两大类。

平面立体指的是各表面都是平面的立体,最常见的平面立体有棱柱体和棱锥体。

曲面立体指的是表面全部或部分的由曲面围成的立体。常见的曲面立体有:圆柱体、圆锥体、球体和圆环体。

二、基本几何体的形成

1. 平面立体的形成方式及结构特征(表2-7)

平面立体的形成方式和结构特征　　　　表2-7

棱柱体	棱锥体	
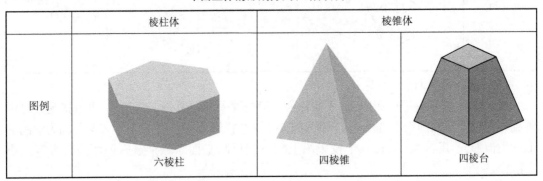		
六棱柱	四棱锥	四棱台

(图例)

续上表

	棱柱体	棱锥体	
形成方式	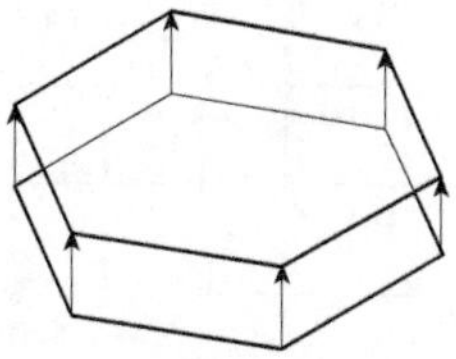	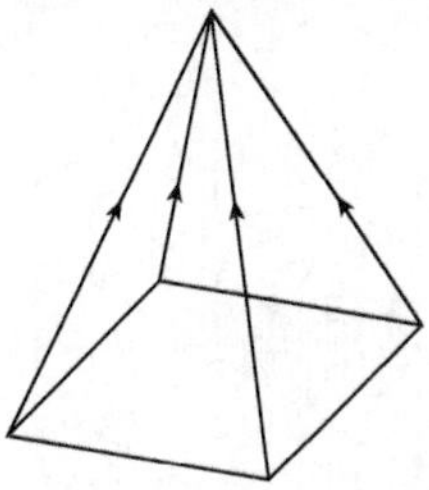	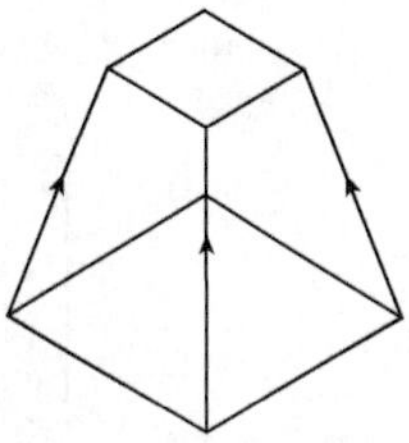
结构特征	由上、下两个底面和若干棱面组成,各棱线相互平行。底面为特征平面,反映立体的形状特征。不同的特征平面形成不同的棱柱体	由一个或两个底面组成,各棱线交于一点。不同形状的底面形成不同的棱锥体	

2. 曲面立体的形成方式及结构特征(表2-8)

常见曲面立体的形成方式和结构特征   表2-8

	圆柱体	圆锥体	球体
图例		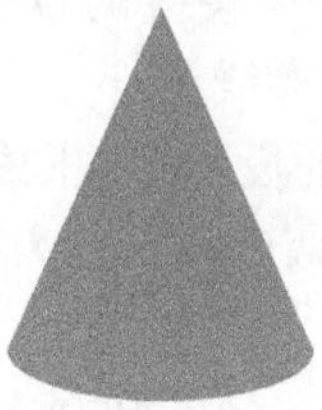	
形成方式	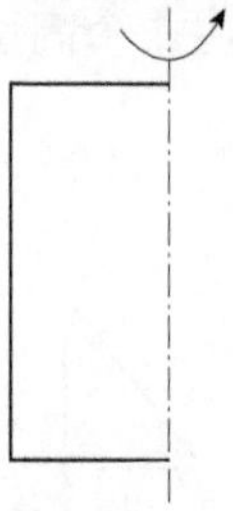	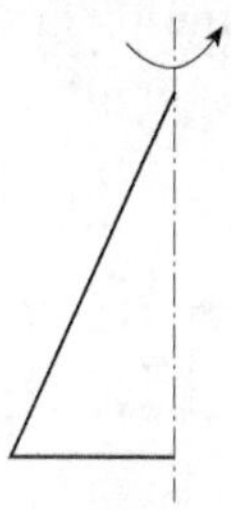	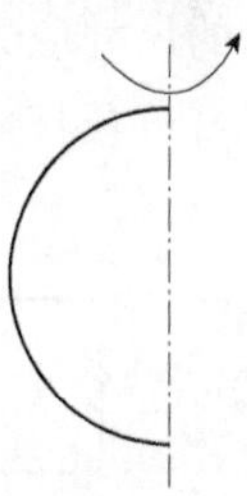
结构特征	由上、下两个底面和一个回转面组成,回转面垂直于底面,纬圆为一系列等直径圆	由一个底面和一个回转面组成,纬圆为一系列与轴线垂直的不同直径的圆	由一圆绕过直径的轴线回转而成,纬圆为一系列垂直于轴线的不同直径的圆

三、基本几何体的投影特性和尺寸标注

1. 平面立体——棱柱体

1)投影特性

以正六棱柱为例,将其放入三投影面体系中(注意不同的放置方式得到的投影图是不同

的),使正六棱柱上、下两个面平行于 H 面,前后两个棱面平行于 V 面放置,如图 2-33a)所示。这样得到的正六棱柱的投影图,如图 2-33b)所示。

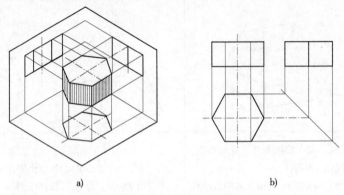

图 2-33　正六棱柱的投影图

由图分析,正六棱柱的上、下底面为水平面,水平投影为正六边形,反映实形,它们的正面投影和侧面投影均积聚为一条线段。六个棱面和六条侧棱均垂直于水平面,其水平投影分别积聚在正六边形的六条边和六个顶点上。六个棱面的正面投影和侧面投影分别为三个和两个可见的矩形,各侧棱的投影与矩形的边重合。图 2-33b)中的点画线表示正六棱柱的对称性,其中,侧面投影中的点画线与棱线的投影重合,由线型的优先顺序得知,实线盖虚线,虚线盖点画线,所以此处表现为实线。

对于其他棱柱,可以看出它们的投影有共同的特点:在与特征面平行的投影面上的投影反映特征面实形(称特征视图),另两个投影均为一个或多个、可见与不可见矩形的组合。

2) 尺寸标注

棱柱的完整尺寸包括特征面形状尺寸和高度(指棱柱两特征面间的距离)尺寸。决定特征面形状的尺寸应集中标注在特征视图上,另两个视图上只标注一个高度尺寸即可,图 2-34 中标出了常见棱柱体的尺寸标注方法。

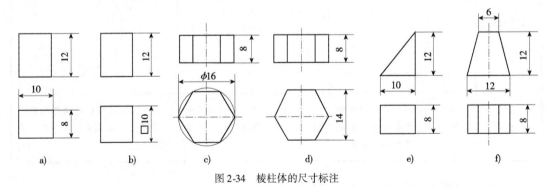

图 2-34　棱柱体的尺寸标注

2. 平面立体——棱锥体

1) 投影特性

以正三棱锥为例,将其置入三投影面体系中,使其底面与 H 面平行,棱线 AC 垂直于 W 面,如图 2-35a)所示。正三棱锥的投影图如图 2-35b)所示,其投影特性为:

正三棱锥的底面△ABC为水平面,其水平投影△abc为等边三角形,反映实形,该面的正面投影和侧面投影都积聚为一水平线段。棱面△SAC垂直W面,与H、V面倾斜,所以侧面投影积聚为一条线段,其水平投影和正面投影都是类似形。棱面△SAB和△SBC与各投影面都倾斜,是一般位置平面,三面投影图均为类似形。棱线的投影,根据之前所讲的直线的投影特性,请读者自行分析。

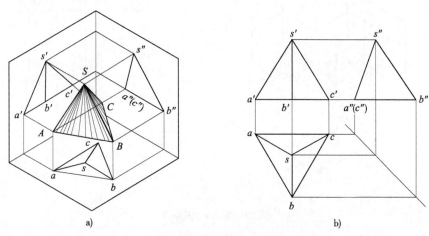

图2-35　正三棱锥的投影图

分析其他棱锥体,可以看出它们的投影有共同的特点:在与底面平行的投影面上的投影是反映实形的多边形,另两个视图的投影是一个或多个、可见与不可见的共顶点的三角形组合。

2)尺寸标注

棱锥体的完整尺寸包括底面形状大小和锥高。底面形状大小尺寸宜标注在其反映实形的视图上,锥高标在主视图或左视图上,如图2-36。

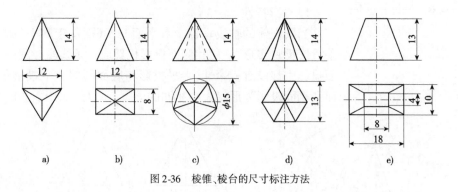

图2-36　棱锥、棱台的尺寸标注方法

3. 曲面立体——圆柱体

1)投影特性

圆柱体上、下底面为水平面时,其水平投影反映实形——圆,正面与侧面投影均积聚成一条线段。由于圆柱体轴线垂直于水平投影面,圆柱面的水平投影积聚为一个圆周(重合在上、下底面圆的实形投影上),其正面和侧面投影为形状大小相同的矩形,如图2-37b)所示。

如图2-37a)所示,对于正面投影来说,转向轮廓线AC、BD为圆柱面的虚实分界线。即前半个圆柱面可见,后半个圆柱面不可见;对于侧面投影,转向轮廓线 *EG*、*FI* 为圆柱面的虚实分界线。即左半个圆柱面可见,而右半个圆柱面不可见;对于水平投影,上底面可见,下底面不可见,但圆柱面的水平投影具有积聚性,一般不判别可见性。

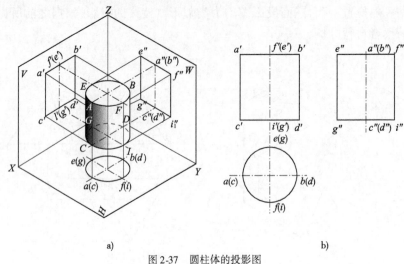

图 2-37 圆柱体的投影图

2) 尺寸标注

圆柱体的完整尺寸包括径向尺寸和轴向尺寸。圆柱体的直径尺寸一般标注在非圆的视图上,如图 2-38 所示。当把圆柱尺寸集中标注在一个非圆视图上时,这个视图已能清楚地表达圆柱的形状和大小。

4. 曲面立体——圆锥体

1) 投影特性

当圆锥体的轴线垂直于水平面时,底面位于水平位置,其水平投影反映实形,正面和侧面投影积聚成一条线段。圆锥面在三面投影中都没有积聚性,水平投影与底面圆的水平投影重合,正面和侧面投影为形状大小相同的等腰三角形,如图 2-39b)所示。

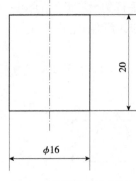

图 2-38 圆柱体的尺寸标注

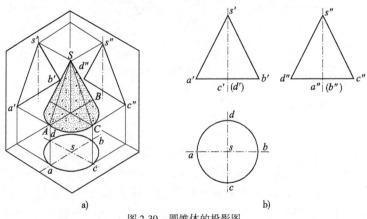

图 2-39 圆锥体的投影图

与圆柱体相似,对于正面投影来说,转向轮廓线 SA、SB 为圆锥面的虚实分界线。即前半个圆锥面可见,后半个圆锥面不可见;对于侧面投影,转向轮廓线 SC、SD 为圆锥面的虚实分界线。即左半个圆锥面可见,而右半个圆锥面不可见;对于水平投影来说,底面不可见,整个圆锥面都可见,如图 2-39a)所示。对于圆锥面来说,其 3 个投影都是倾斜的,没有积聚性。

2)尺寸标注

圆锥体的完整尺寸包括底面圆的直径和锥高。底面圆的直径尺寸,一般标注在非圆视图上,如图 2-40 所示。当把圆锥尺寸集中标注在一个非圆视图上时,一个视图就能完整地表达圆锥的形状和大小。

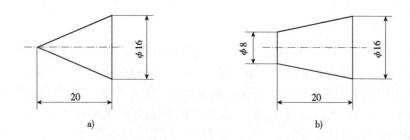

图 2-40 圆锥和圆锥台的尺寸标注

5. 曲面立体——球体

1)投影特性

圆球体的三个视图都是与圆球直径相等的圆,它们分别表示三个不同方向的圆球面的转向轮廓线的投影。图 2-41b)中,主视图中的圆 1′,表示前半球与后半球的分界线,是平行于 V 面的前后方向转向轮廓线圆的投影,它在 H 面和 W 面的投影与圆球体的对称中心线 1、1″重合。俯视图和左视图中圆的投影同理,请自行分析。

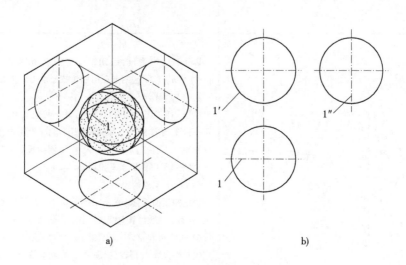

图 2-41 球体的投影图

2) 尺寸标注

圆球体只需要标注其直径或半径尺寸,并在"φ"或"R"之前要加注球面代号"S",如图 2-42 所示。

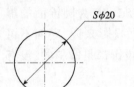

图 2-42 球体的尺寸标注

四、基本几何体表面交线的投影

用平面截切基本几何体,与其表面所产生的交线,称为截交线;两曲面立体相交,其表面所产生的交线,称为相贯线。

求作截交线和相贯线的基础在于如何正确地在立体表面取点,一般是先作出基本几何体表面的若干共用点,然后判断好可见性顺次连线就能绘出截交线或相贯线的投影。

1. 在基本几何体表面取点的方法

1) 在平面立体表面上取点的方法

在平面立体表面上取点的问题,可归结为在平面上取点的问题。根据立体几何定理可知,若点在平面上,则点必在平面的一条直线上。通常,可以过点的已知投影,在平面上作一条辅助线,求出该辅助线的三视图。再根据从属性和三等关系,则可以作出点在另外两个投影面上的投影。在取点作图过程中,要注意给定条件,充分利用积聚性,表 2-9 举例列出了在平面立体表面取点的作图方法。

平面立体表面上取点的方法　　　　　　　表 2-9

平面立体	图 示 过 程	作 图 方 法
棱柱体		以正六棱柱为例,已知柱面上一点 M 的正面投影 m',求作其余两投影。 解:由于棱柱面的水平投影具有积聚性,利用"长对正"可以求出 M 点在水平面的投影 m,再根据"高平齐,宽相等"由 m'和 m 即可求出侧面投影 m″
棱锥体		以正三棱锥为例,已知锥面上两点 M 和 N 的正面投影 (m') 和 n',求作这两点在另两个投影面上的投影。 解:(1) 求作 M 点的投影。 由已知正面投影中的点 (m') 是不可见的点,可知 M 点在正三棱锥的面 SAC 上,该面垂直于侧立投影面,所以该面具有积聚性,先由"高平齐"可以作出侧面投影 m″,再由"长对正,宽相等"可作出水平投影 m。 (2) 求作 N 点的投影。 由已知正面投影中的点 n',可知 N 点在正三棱锥的面 SAB 上,该面是一般位置直线,此时需作辅助线来求解。在正面投影中,过锥顶和 n'作一辅助线 s'd',由"从属性"和"长对正"可作出水平投影 n,再根据"高平齐,宽相等"可作出侧面投影

2）在曲面立体表面上取点的方法

在曲面立体表面上取点，要根据所在表面的几何性质灵活利用积聚性、辅助素线法和辅助纬圆法作图，其中最常见的方法是辅助纬圆法。分析时，将点看成是曲面立体表面上某线段或某纬圆上的点，首先找到该线段或纬圆的投影，然后再根据三等关系在该线段上或纬圆上取点，表2-10举例列出了在曲面立体表面取点的作图方法。

曲面立体表面取点的作图方法 表2-10

曲面立体	图示过程	作图方法
圆柱体	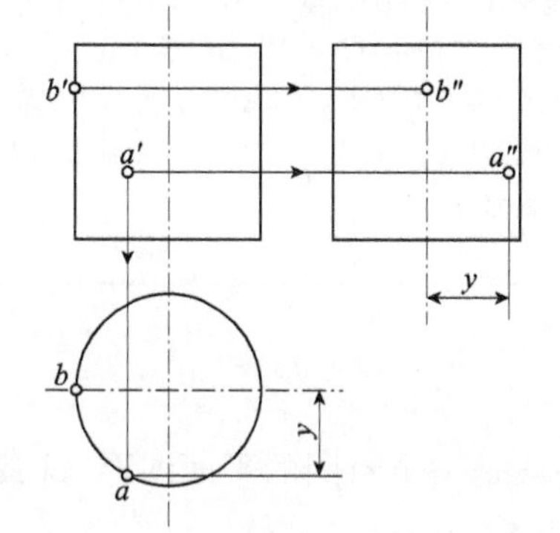	已知圆柱面上 A、B 两点的正面投影，求作其余两投影。 解：由于圆柱面的水平投影积聚为圆，利用"长对正"即可求出两点的水平投影 a、b。再根据"高平齐，宽相等"可作出点的侧面投影 a″ 和 b″
圆锥体	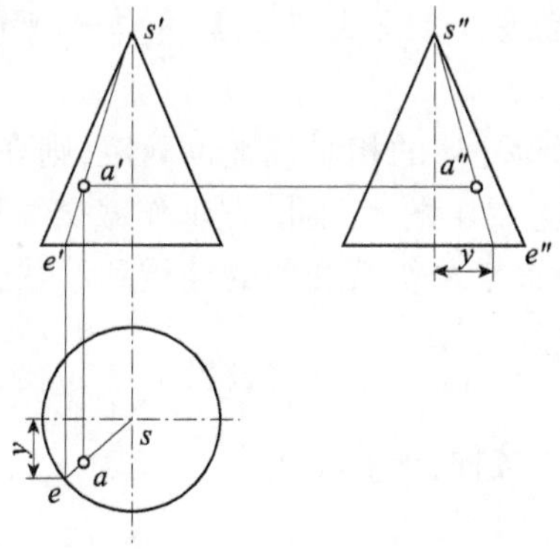	已知圆锥面上 A 点的正面投影 a′，求作其余两投影。 解：采用素线法 过锥顶 S 和点 A 作素线 SE 的正面投影 s′e′，由 s′e′ 求出水平投影 se 和侧面投影 s″e″，根据"从属性"可作出 A 点的水平投影 a 和侧面投影 a″
	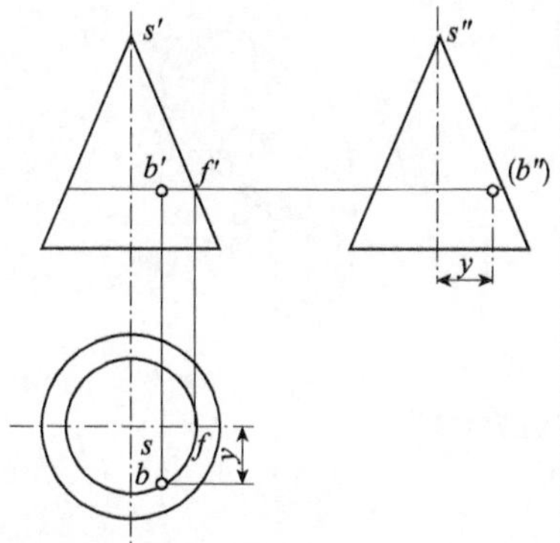	已知圆锥面上 B 点的正面投影 b′，求作其余两投影。 解：采用纬圆法 过 B 点在圆锥面上作一纬圆，该圆的正面投影积聚为过 b′ 点的直线，水平投影是半径为 y 的圆，由"从属性"和"长对正"可作出 B 点的水平投影 b，再根据"高平齐，宽相等"可作出其侧面投影 b″，由于 B 点在圆锥面的右半部，所以侧面投影 b″ 不可见

续上表

曲面立体	图示过程	作图方法
球体	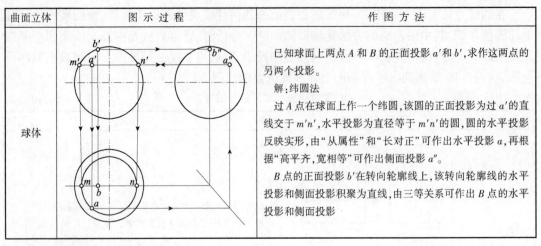	已知球面上两点 A 和 B 的正面投影 a′和 b′,求作这两点的另两个投影。 解：纬圆法 过 A 点在球面上作一个纬圆,该圆的正面投影为过 a′的直线交于 m′n′,水平投影为直径等于 m′n′的圆,圆的水平投影反映实形,由"从属性"和"长对正"可作出水平投影 a,再根据"高平齐,宽相等"可作出侧面投影 a″。 B 点的正面投影 b′在转向轮廓线上,该转向轮廓线的水平投影和侧面投影积聚为直线,由三等关系可作出 B 点的水平投影和侧面投影

2. 截交线

1) 截交线的性质

(1) 封闭性。由截交线的定义可知,截交线一般是一个封闭的平面图形,且其形状与大小取决于空间物体的形状及截平面与物体的相对位置。

(2) 共有性。截交线既在立体表面上,又在截平面上,是二者共有点的集合。因此,求作截交线的投影可归结为求作立体表面上一系列的线段(棱线、纬圆或素线)与截平面的交点,然后判读好可见性将其按一定顺序连线即可。

值得注意的是：如果立体的形状确定,截平面与立体的相对位置也确定,则在两者相交后,截交线的形状便会自然产生,而不是由人工刻意要求的。因此,在求作截交线投影时,必须首先根据立体的形状和截平面相对于立体的位置来分析截交线的性质和形状,然后再根据几何作图原理和投影三等关系找到截交线的投影。

2) 棱柱体的截交线

【例题 2-6】 如图 2-43 所示,正垂面截切正六棱柱,求截交线。

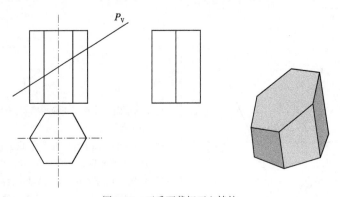

图 2-43 正垂面截切正六棱柱

解：(1) 投影分析。

正垂面 P_V 截切正六棱柱,与每条棱线都产生了交点,只需求出截平面与正六棱柱的各棱线的交点,再依次相连,即为截交线。正垂面在正面投影具有积聚性,由截交线的性质可知,该截交线在主视图的投影就积聚在这条线上。正六棱柱的六个柱面在水平投影面上具有积聚性,所以截交线在俯视图上的投影就在这个正六边形上。而截平面(正垂面)与侧立投影面是倾斜的关系,应该是正六边形的类似形。

(2)找点。

正六棱柱具有六条棱线,因此与截平面的交点有六个,见图 2-44 所示。在主视图中,可直接找出 a'、b'、c'、d'、e'、f' 六个点的投影,其中 b' 和 f' 点是重影点,b' 为可见点,f' 为不可见点;在俯视图中,由于点在棱线上,而棱线在水平投影上具有积聚性,所以可确定 a、b、c、d、e、f 六个点的投影。然后由三等关系,可以确定这六个点在左视图上的投影,如图 a''、b''、c''、d''、e''、f''。

(3)连线。

依次连接 a''、b''、c''、d''、e''、f'',得到截交线的侧面投影。

(4)检查。

整理投影图,判断棱线的可见性,在左视图中棱线 d 是不可见的,应画虚线,而棱线 a 与棱线 d 重合,所以只把 $a''d''$ 段画虚线。结果如图 2-44 所示。

3)棱锥体的截交线

【例题 2-7】 如图 2-45 所示,用正垂面截切正四棱锥,已知截切后的四棱锥的正面投影和部分水平投影,求作侧面投影,并完成水平投影。

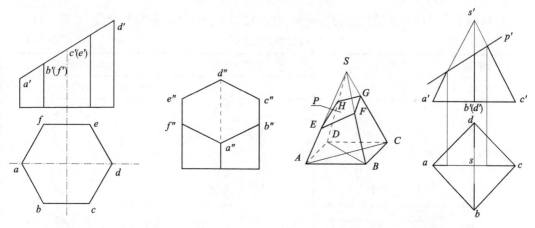

图 2-44 正六棱柱被切割后的三视图　　图 2-45 正垂面截切正四棱锥

解:(1)投影分析。

正垂面 P 截切正四棱锥,与每条棱线都产生了交点,只需求出截平面与正四棱锥各棱线的交点,再依次相连,即为截交线。其中,正四棱锥的两条棱线 SA 和 SC 平行于正面,两棱线 SB 和 SD 平行于侧面。截平面为正垂面,其正面投影积聚为线段。正四棱锥的四个锥面与水平投影面和侧立投影面都倾斜,所以该截交线在俯视图和左视图上的投影应该为四边形的类似形。

(2)找点。

利用积聚性,可直接在主视图上找出四条棱线与截平面的交点的投影 e'、f'、g'、h'。利用从属性和三等关系,分别求出各交点在俯视图和左视图上的投影,如图 2-46a)所示。

(3) 连线。

在俯视图和左视图上,依次连接四个点的投影,即得截交线的投影。

(4) 检查。

整理投影图,擦去棱线被切去部分(SE),判断棱线的可见性,侧面投影中的GC棱线是不可见的,应画虚线。结果如图2-46b)所示。

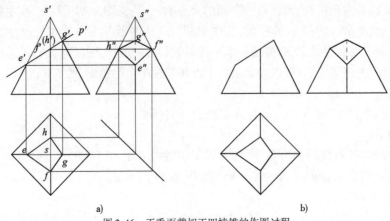

图2-46 正垂面截切正四棱锥的作图过程

4) 圆柱体的截交线

根据截平面与圆柱体轴线的位置不同,在圆柱体表面会产生三种截交线,见表2-11。

圆柱体的截交线　　　　表2-11

截平面的位置	平行于轴线	垂直于轴线	倾斜于轴线
交线的形状	两平行直线	圆	椭圆
立体图			
投影图			

画截交线投影的步骤一般有以下三个过程:

(1) 求特殊点。相交曲线上的最高点、最低点、最左点、最右点、最前点和最后点以及回转体转向轮廓线(即特殊素线)上的点,这些点往往围成了截交线的大致范围。要注意的是,上述这些特殊点并不是毫无相关的,有时两个特征点会合二为一。

(2) 求中间点。在特殊点求出后，往往还不能准确确定截交线的形状，因此应根据需要在特殊点之间插入一些中间点，以便更加逼近截交线的真实形状。

(3) 判别可见性，光滑连线。

【例题 2-8】 如图 2-47a) 所示，一圆柱体被一正垂面截切，要求画出截切后圆柱体的侧面投影。

解： 由于截平面倾斜于圆柱体的轴线，因此截交线为一椭圆。截平面是正垂面，根据积聚性，截交线的正面投影积聚为线段。圆柱体的柱面垂直于水平投影面，由积聚性，截交线在水平投影面上积聚在圆上。只有侧面投影需要通过找点的方法求解，作图步骤如下：

(1) 求特殊点。如图 2-47b) 所示，Ⅰ点和Ⅳ点（空间椭圆长轴上的两个端点）为截交线上的最左点和最右点，同时也是最低点和最高点。Ⅱ点和Ⅲ点（空间椭圆短轴上的两个端点）为截交线上的最前点和最后点。

(2) 求中间点。Ⅴ、Ⅵ、Ⅶ、Ⅷ点为补充的一般位置点。可根据圆柱面水平投影的积聚性和三等关系作图。

(3) 判别可见性，光滑连线。在求出这些点的侧面投影后，可以看出这些点的侧面投影均可见，直接用粗实线光滑连线即可，如图 2-47b) 所示。

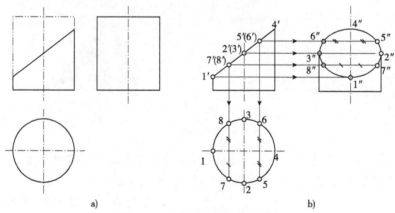

图 2-47 正垂面截切圆柱体的投影

5) 圆锥体的截交线

根据截平面和圆锥体轴线的相对位置不同，会产生五种不同的截交线，如表 2-12 所示。

圆锥体的截交线　　　　表 2-12

截平面的位置	过锥顶	与轴线垂直 $\theta=90°$	与轴线倾斜 $\alpha<\theta<90°$	与一条素线平行 $\theta<\alpha$	与轴线平行或倾斜 $0°\leqslant\theta<\alpha$
交线的形状	两直线	圆	椭圆	抛物线	双曲线
立体图					

续上表

截平面的位置	过锥顶	与轴线垂直 $\theta=90°$	与轴线倾斜 $\alpha<\theta<90°$	与一条素线平行 $\theta<\alpha$	与轴线平行或倾斜 $0°\leq\theta<\alpha$
交线的形状	两直线	圆	椭圆	抛物线	双曲线
投影图	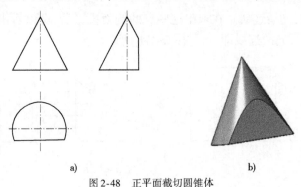				

【例题 2-9】 用正平面截切圆锥体,已知水平投影和侧面投影,求正面投影,如图 2-48 所示。

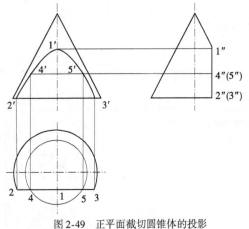

图 2-48 正平面截切圆锥体

解: 由于截平面与圆锥体轴线平行,由表 2-10 可知截交线的形状是一支双曲线,其水平投影和侧面投影积聚为线段,其正面投影反映实形,作图步骤如下。

(1) 求特殊点。如图 2-49,侧面投影轮廓线上的 1″ 是截交线的最高点,其正面投影是积聚在中心线上的 1′。侧面投影上,圆锥体底圆上的点 2″ 和 3″ 是最低点,其水平投影为点 2、3,通过投影关系求出它们的正面投影 2′、3′,它们也是双曲线的最左点和最右点。

(2) 求中间点。用辅助纬圆法和三等关系求出如图 2-49 所示的 4 点和 5 点的投影。

(3) 判别可见性,光滑连线。依次连接 2′、4′、1′、5′、3′,得截交线的正面投影。作图结果如图 2-49 所示。

图 2-49 正平面截切圆锥体的投影

6) 球体的截交线

用平面截切球体,不论在哪个位置截切,截交线均为圆。但是由于截平面与投影面的相对位置不同,截交线的投影也不同。当截平面平行于某一投影面时,截交线在该投影面上的投影是圆,在另两个投影面上积聚为线段;当截平面倾斜于投影面时,截交线的投影是不反映实形的椭圆。

【例题 2-10】 如图 2-50 所示,求作铅垂面截切圆球体的截交线。

解:由于截平面为铅垂面,所以截交线(圆)的水平投影积聚为一条直线,而正面投影和侧面投影均为椭圆。其作图步骤如下:

(1)求特殊点。

①椭圆长、短轴的端点:点Ⅰ、Ⅱ的正面投影1、2和侧面投影1″、2″分别为V面和W面上椭圆短轴端点的投影;在H面上,取线段12的中点,此点即为椭圆长轴两端点的水平投影3、4(重影点),利用辅助纬圆法和三等关系可求出其正面投影3′、4′和侧面投影3″、4″;

②特殊素线圆上的点:球面上对W面的转向轮廓线与截平面的交点为Ⅴ、Ⅵ,对V面的转向轮廓线与截平面的交点为Ⅶ、Ⅷ,这些点均可利用各轮廓线的投影规律求得。

(2)求中间点。可再作出若干中间点以使投影作图更加准确,图略。

(3)判别可见性并光滑连线,如图2-50b)所示。

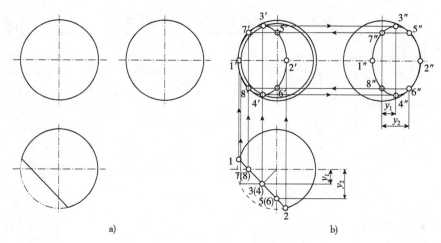

图 2-50 铅垂面截切圆球体

3. 相贯线

两曲面立体相交,它们表面的交线称为曲面立体的相贯线,如图 2-51 所示。

1)相贯线的性质

(1)相贯线一般情况下是封闭的空间曲线。

(2)相贯线是两立体表面的共有线,其上的线和点都是两立体表面的共有线和共有点。

(3)相贯线一定是两立体表面的分界线。

2)相贯线的特点

(1)相贯线随曲面立体的种类不同而变化,见图2-52。

(2)相贯线随曲面立体相贯的位置不同而变化,见图2-53。

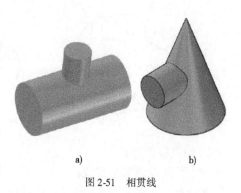

图 2-51 相贯线

(3) 相贯线随曲面立体的几何尺寸的变化而变化,见表 2-13。
(4) 相贯线与曲面立体的正负无关,所谓"正"就是叠加,"负"就是切割,见图 2-54。

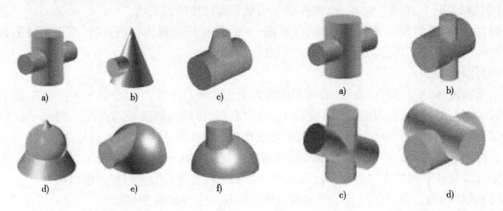

图 2-52　曲面立体种类的不同对相贯线的影响　　图 2-53　曲面立体相贯的位置不同对相贯线的影响

曲面立体的几何尺寸的变化对相贯线的影响　　　　　　　　　　表 2-13

相贯线的变化	相 关 示 例		
两圆柱轴线垂直相交,水平圆柱直径由小变大			
圆柱与圆锥轴线垂直相交,圆柱直径由小变大			

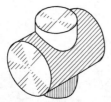

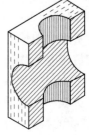

图 2-54　相贯线与曲面立体的正负无关

3) 相贯线的解法
(1) 积聚性法求相贯线。
积聚性法求相贯线是指利用投影有积聚性的特点,确定两立体表面的若干共有点的已知投影，然后利用在曲面立体表面取点的方法，求出它们的未知投影，从而求出相贯线的投影。

(2) 辅助平面法求相贯线。

辅助平面法求相贯线是用一个辅助平面切割两曲面立体相交的区域，辅助平面和两个曲面立体分别产生的交线的交点，是辅助平面和两曲面立体表面的三面共有点，它一定是相贯线上的点，如图 2-55 所示的点 A、B 和点 C、D。

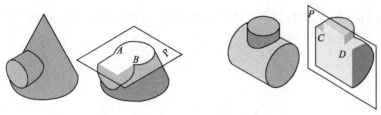

图 2-55　辅助平面法求相贯线

为了作图方便，一般选取特殊位置平面（通常为投影面平行面）作为辅助平面，并且辅助平面与相贯的立体表面的交线的投影应为简单的线，即圆、圆弧或直线。

4）柱柱相贯

【例题 2-11】　轴线正交的两圆柱体表面相贯，求作相贯线的正面投影，如图 2-56a) 所示。

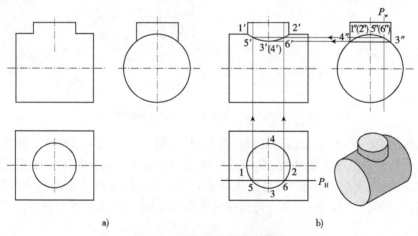

图 2-56　轴线正交的两圆柱体相贯

解：直径不相等的两圆柱体正交，相贯线是一条封闭的空间曲线，且前后、左右都对称。小圆柱面的轴线垂直于水平投影面，其水平投影必积聚为一个圆，因此相贯线的水平投影必积聚在这个圆上。大圆柱面的轴线垂直于侧立投影面，其侧面投影必积聚为一个圆，所以相贯线的侧面投影也必积聚在这个圆上，由共有线性质，可以把相贯线的投影范围进一步缩小，它必积聚到圆的上一段圆弧。此时，由相贯线的俯视图和左视图的投影部位，根据三等关系就可以判断出相贯线在主视图上的投影部位。

(1) 求特殊点。图中的点Ⅰ（1、1′和 1″）和Ⅱ（2、2′和 2″）分别为相贯线的最左点、最右点，同时也是最高点。点Ⅲ（3、3′和 3″）和Ⅳ（4、4′和 4″）分别是相贯线的最前点和最后点，同时也是最低点。

(2) 求中间点。利用辅助平面法。由于两圆柱轴线正交平行于 V 面，这里选择正平面作为辅助平面（也可选择水平面或侧平面为辅助平面，这几种辅助平面与两圆柱截交线的投影均为直线或圆）。作辅助面 P，其投影为 P_h 和 P_w。求得点 Ⅴ（5、5′和 5″）和 Ⅵ（6、6′和 6″）。

(3) 判别可见性，光滑连线。相贯线正面投影的可见部分与不可见部分重合，因此画成粗实线，结果如图 2-56b) 所示。

5）柱锥相贯

【例题 2-12】 如图 2-57a) 所示，求作轴线正交的圆锥体和圆柱体表面所产生的相贯线的正面投影和水平投影。

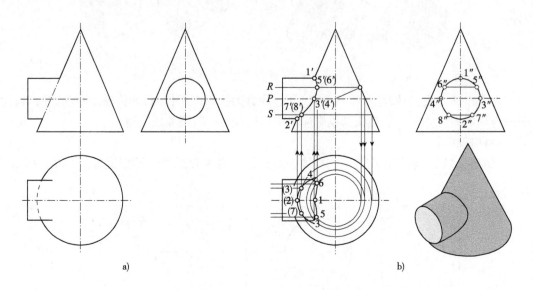

图 2-57 轴线正交的圆锥体和圆柱体表面的相贯线

解： 轴线侧垂的圆柱体，其侧面投影具有积聚性，则相贯线的侧面投影必积聚在这个圆上，其主视图和俯视图没有积聚性，只能通过找点的方式来确定。解题方法采用辅助平面法。由于圆锥轴线垂直于 H 面，圆柱的轴线垂直于 W 面，因此选用水平面作为辅助平面。该辅助平面与圆锥的交线为一纬圆，与圆柱的交线为两条线段，该纬圆与线段的交点即为相贯线上的点。

(1) 求特殊点。由于两立体轴线相交，且前后对称。所以相贯线的正面投影重合，水平投影前后对称。两立体相对于 V 面的轮廓线彼此相交的交点 Ⅰ（1、1′和 1″），正好是转向线上的点，也就是相贯线上的点且为最高点，同理，交点 Ⅱ（2、2′和 2″）为最低点，也是最左点；求作最前点、最后点和最右点，可借助于辅助平面法。过圆柱轴线作辅助平面 P，P 与圆锥相交，截交线为水平圆，与圆柱相交，截交线为两条相对 H 面的轮廓线，轮廓线的交点 Ⅲ（3、3′和 3″）为最前点，Ⅳ（4、4′和 4″）为最后点；最右点的确定，可在正面投影上，用向圆锥轮廓线作垂线的方法确定辅助平面 R 的位置，求出最右点 Ⅴ（5、5′和 5″）和 Ⅵ（6、6′和 6″），如图 2-57b) 所示。

(2) 求中间点。为了作图准确，可再作一系列的水平辅助面，如图 2-57b) 中的 S 面，作出点 Ⅶ（7、7′和 7″）和 Ⅷ（8、8′和 8″）。

(3)判别可见性,光滑连线。对于相贯线的正面投影,可见部分与不可见部分重合,应画成粗实线。对于水平投影,圆柱面的上半部分与圆锥面的交线可见,故Ⅲ、Ⅳ两点是可见与不可见的分界点。结果如图 2-57b)所示。

6)相贯线的特殊情况

如前所述,相贯线在一般情况下是一条封闭的空间曲线,但在特殊情况下,它会变为平面曲线或者直线,见表 2-14。

相贯线的特殊情况　　　　　　　　　　表 2-14

性　质	相关示例及说明	
相贯线为直线的情况	两圆柱轴线相互平行,相贯线是与轴线平行的两条直线	两圆锥共锥顶,相贯线是过锥顶的两相交直线
球与回转体相交,回球心在回转体轴线上时的相贯线——圆	球心在圆柱的轴线上,相贯线是垂直于轴线的圆	球心在圆锥的轴线上,相贯线一是垂直于轴线的圆
两相交立体公切于一个球时的相贯线——椭圆	两圆柱轴线垂直相交,公切于一个球,相贯线是椭圆,在两圆柱轴线所平行的投影面上,投影积聚为两条直线	圆柱和圆锥轴线垂直相关,共切于一个球,相贯线是椭圆,在圆柱和圆锥轴线所平行的投影面上,投影积聚为两条直线

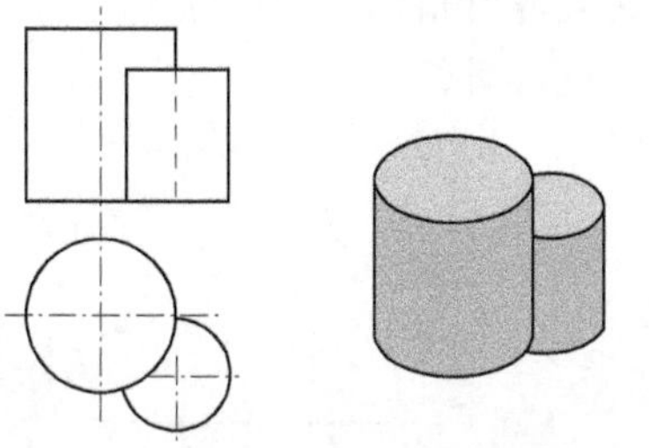

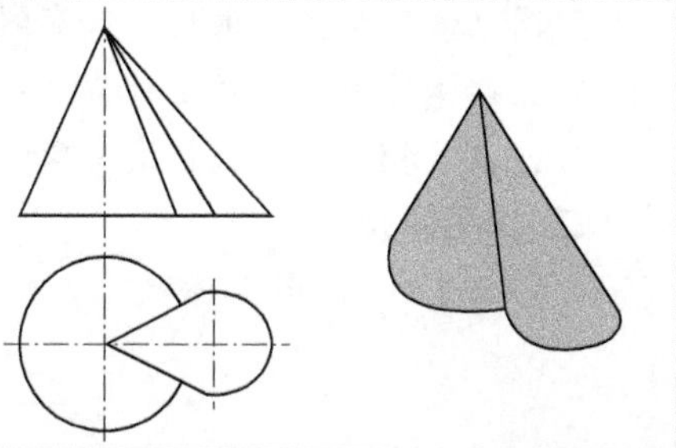

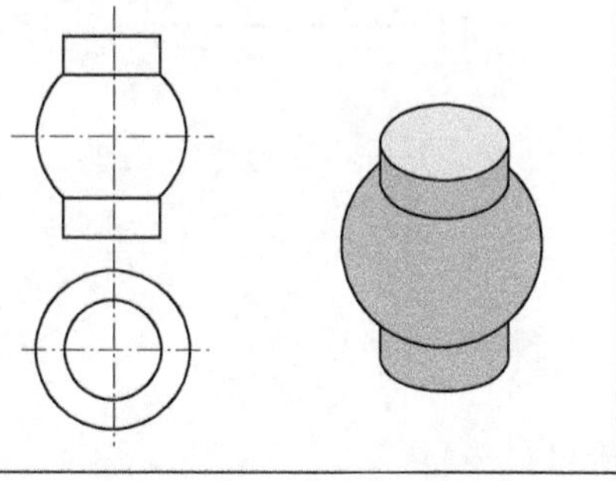

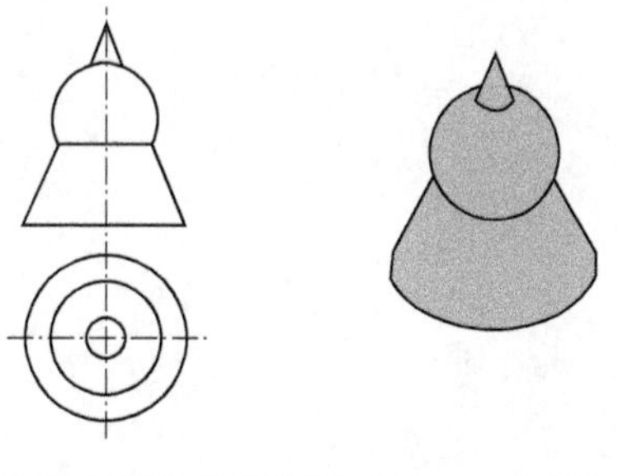

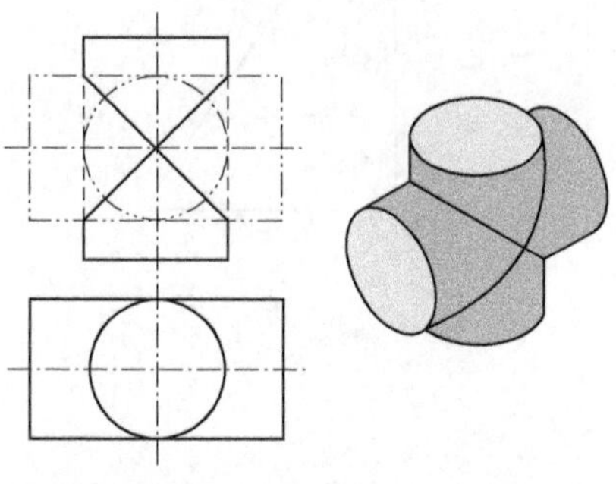

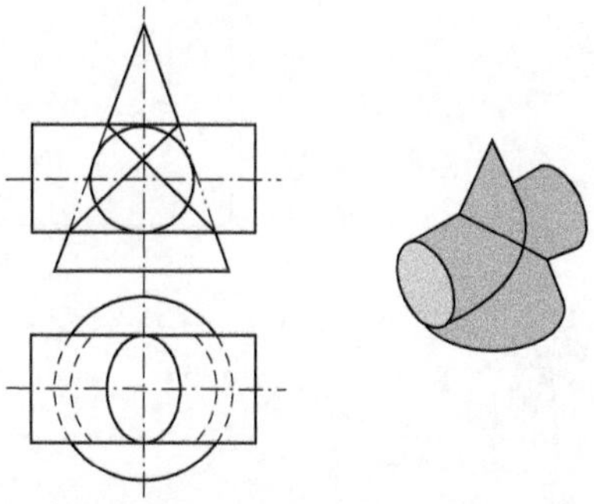

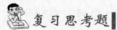

一、简答题

1. 正投影的基本性质有哪些？
2. 三视图的投影规律是什么？
3. 各种位置直线包括哪些？各具有什么投影特点？
4. 各种位置平面包括哪些？各具有什么投影特点？
5. 圆柱体表面会产生几种截交线？请简述各种情况。
6. 圆锥体表面会产生几种截交线？请简述各种情况。
7. 什么是相贯线？相贯线有哪些性质？

二、作图题

1. 补画俯视图（图 2-58）。

 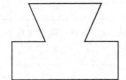

图 2-58　第 1 题

2. 补画俯视图（图 2-59）。

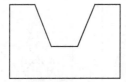

图 2-59　第 2 题

3. 补画俯视图(图2-60)。

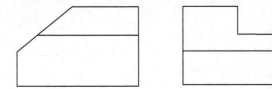

图 2-60　第 3 题

4. 补画左视图(图2-61)。

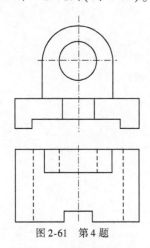

图 2-61　第 4 题

5. 补画左视图(图2-62)。

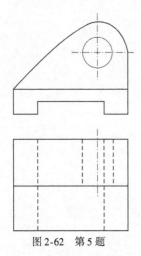

图 2-62　第 5 题

6. 补画主视图(图 2-63)。

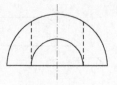

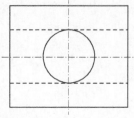

图 2-63　第 6 题

7. 补画左视图(图 2-64)。

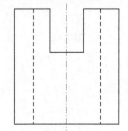

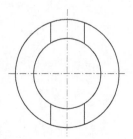

图 2-64　第 7 题

8. 补画俯视图(图 2-65)。

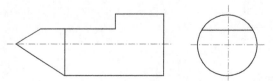

图 2-65　第 8 题

9. 补画图中缺漏的线(图2-66)。

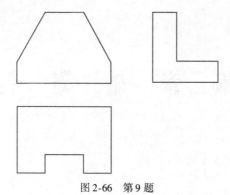

图2-66　第9题

10. 补画图中缺漏的线(图2-67)。

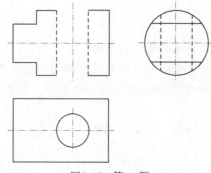

图2-67　第10题

11. 补画图中缺漏的线(图2-68)。

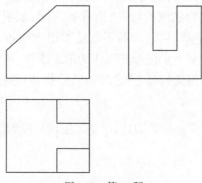

图2-68　第11题

第三章 轴 测 图

知识点

1. 轴测投影图的形成、分类及其特性。
2. 正等轴测投影图和斜二等轴测投影图的画法。

技能目标

1. 会画正等轴测图及斜二等轴测图的轴测轴。
2. 会画基本平面立体以及基本回转体的正等轴测图和斜二等轴测图。
3. 会用坐标法、叠加法和切割法画简单组合体的正等轴测图和斜二等轴测图。

第一节 概 述

一、轴测图的形成

将物体连同确定其位置的空间直角坐标系,用平行投影法将其投射在某一投影面上,所得到的富有立体感的图形,称为轴测投影图,简称轴测图,如图 3-1 所示。轴测图能同时反映物体长、宽、高三个方向的形状,但是一般不能反映出物体各方向的实形,因而度量性差,同时作图较复杂。因此,在工程上常把轴测图作为辅助图样,来说明机器的结构、安装、使用等情况。在设计中,用轴测图帮助构思、想象物体的形状,以弥补正投影图的不足。

1. 轴测轴

如图 3-2 所示,形体的直角坐标轴 OX、OY、OZ 在轴测投影面上的投影称为轴测轴,分别标记为 O_1X_1、O_1Y_1、O_1Z_1。

2. 轴间角

相邻两根轴测轴之间的夹角 $\angle X_1O_1Y_1$、$\angle Y_1O_1Z_1$、$\angle X_1O_1Z_1$ 称为轴间角。三个轴间角之和为 $360°$。

3. 轴向伸缩系数

在轴测投影中,平行于空间坐标轴方向的线段,其投影长度与其空间实际长度之比称为轴向伸缩系数。即:

$O_1X_1/OX = p$(p 为 X 轴的轴向伸缩系数);

$O_1Y_1/OY = q$（q 为 Y 轴的轴向伸缩系数）；
$O_1Z_1/OZ = r$（r 为 Z 轴的轴向伸缩系数）。

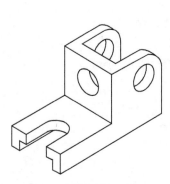

图 3-1 物体的轴测投影图

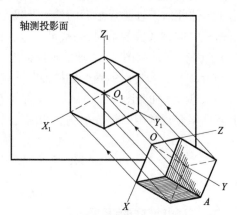

图 3-2 轴测投影的形成

二、轴测图的特性

由于轴测投影图仍然是用平行投影法作图得到的一种投影图，所以轴测投影具有平行投影的投影特性。

（1）平行性。空间互相平行的直线，它们的轴测投影仍然互相平行。

（2）定比性。空间平行于某坐标轴的线段，其轴测投影与原线段长度之比等于相应的轴向伸缩系数。

在画轴测图时，根据正投影图直角坐标对应着轴测轴的方向以及轴向伸缩系数来确定长、宽、高三个方向的线段长度，这也是"轴测"两字的含义。

三、轴测图的分类

根据投射方向与轴测投影面的相对位置不同，轴测投影分为正轴测图和斜轴测图两大类。

正轴测图：将形体斜放，使其三个坐标轴倾斜于投影面，采用正投影法得到的轴测图，称为正轴测图，如图 3-3a）所示。

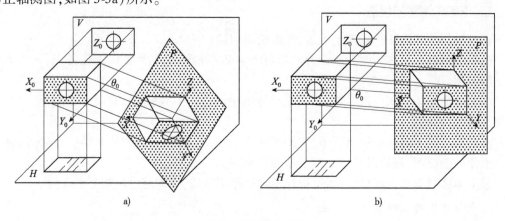

图 3-3 轴测图的分类

斜轴测图:将形体正放,一个面及其两个坐标轴与轴测投影面平行,采用斜投影的方法所得到的轴测图,称为斜轴测图,如图3-3b)所示。

由于形体相对于轴测投影面的位置及投影方向不同,轴向伸缩系数也不同,因此每类轴测图根据轴向伸缩系数的不同,一般可以分为以下三种。

(1)正(斜)等轴测图:三个轴的轴向伸缩系数相等,即 $p=q=r$。

(2)正(斜)二等轴测图:两个轴的轴向伸缩系数相等,即 $p=q\neq r$ 或 $p=r\neq q$ 或 $q=r\neq p$。

(3)正(斜)三轴测图:三个轴的轴向伸缩系数都不相等,即 $p\neq q\neq r$。

下面主要介绍常用的正等轴测图和斜二等轴测图。

第二节　正等轴测图

一、轴间角和轴向伸缩系数

当正方体的对角线垂直于投影面时,以对角线的方向作为投射方向进行的投影,即投射线垂直于投影面,这时所得的轴测投影图为正等轴测投影图,简称正等轴测。如图3-4所示。

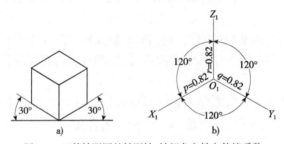

图3-4　正等轴测图的轴测轴、轴间角和轴向伸缩系数

正等轴测的轴间角:$\angle X_1O_1Y_1 = \angle Y_1O_1Z_1 = \angle X_1O_1Z_1 = 120°$。

正等轴测的轴向伸缩系数:由于 OX、OY 和 OZ 与投影面的倾角都相等,三个轴的轴向伸缩系数也都相等,为0.82。为了作图简便,通常我们采用简化轴向伸缩系数,即 $p=q=r=1$。

二、正等轴测图的画法

正等轴测图的画法一般有坐标法、叠加法和切割法。

坐标法是根据物体表面上各点的坐标画出各点的轴测图,然后依次连接各点,即得该物体的轴测图。

切割法适用于切割型组合体,先画出整体的轴测图,然后将多余的部分切割掉,最后得到组合体的轴测图。

叠加法适用于叠加型的组合体,先用形体分析的方法,分成几个基本形体,再依次画出每个形体的轴测图,最后得到整个组合体的轴测图。

根据形体特点,通过形体分析可选择不同的作图方法,下面通过例题分别介绍。

1. 平面立体的正等轴测图画法

【例题3-1】　用坐标法作长方体的正等轴测图。

解:作图步骤如下。

(1)在正投影图上定出原点和直角坐标轴的位置,确定长、宽、高分别为 a、b、h,如图 3-5a)所示。

(2)画出轴测轴,在 O_1X_1 和 O_1Y_1 上分别量取 a 和 b,分别过 m 和 n 点作 O_1Y_1 和 O_1X_1 的平行线得底面上的另一顶点 p,由此可以作出长方体底面的轴测图,如图 3-5b)所示。

(3)过底面各顶点作 O_1Z_1 轴的平行线并量取高度 h,求出长方体各棱边的高,如图 3-5c)所示。

(4)连接各顶点,擦去多余的图线,并加粗描黑,得长方体正等轴测图,图中虚线不必画出,如图 3-5d)所示。

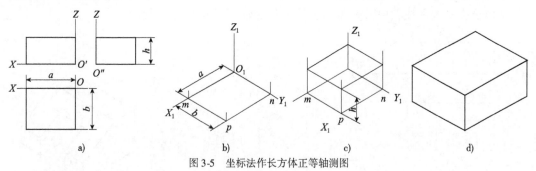

图 3-5 坐标法作长方体正等轴测图

【例题 3-2】 用叠加法作组合体的正等轴测图。

解:作图步骤如下。

(1)在正面投影图上定出原点和投影图的位置,确定底座的长、宽、高分别为 a、b、h,如图 3-6a)所示。

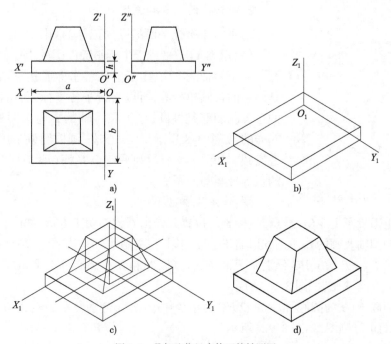

图 3-6 叠加法作组合体正等轴测图

(2)画轴测轴,并作出底座的轴测图,如图3-6b)所示。

(3)根据棱台各角点距底座各角点的位置,作棱台的轴测图,如图3-6c)所示。

(4)擦去多余图线,并描深,得到此形体的正等轴测图,如图3-6d)所示。

【例题3-3】 用切割法作组合体的正等轴测图。

解:作图步骤如下。

(1)在正面投影图上定出原点和坐标轴的位置,确定长、宽、高分别为 a、b、h,如图3-7a)所示。

(2)画轴测轴并作出整体的轴测图,如图3-7b)所示。

(3)切出前部和中间的槽,如图3-7b)所示。

(4)擦去多余图线,并描深,得组合体的正等轴测,如图3-7c)所示。

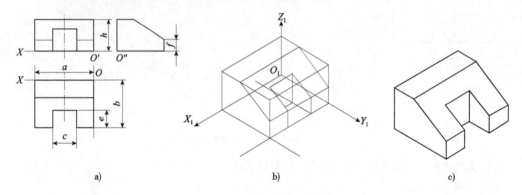

图3-7 切割法作组合体正等轴测图

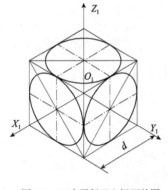

图3-8 三个平行于坐标面的圆

2.回转体的正等轴测图画法

1)平行于坐标平面的圆的正等轴测图

【例题3-4】 平行于坐标平面的圆的正等轴测图。

在正等轴测图中,由于空间各坐标面相对轴测投影面都是倾斜的且倾角相等,所以平行于各坐标面且直径相等的圆的正等测图都是椭圆,除了长短轴的方向不同外,画法都是一样的,如图3-8所示。"四心法"画椭圆就是用四段圆弧代替椭圆。如图3-9所示为平行于 H 面(即 XOY 坐标面)的圆的正等轴测图的画法。

解:作图步骤如下。

(1)在正面投影上定出原点和坐标轴的位置并作出圆的外切正方形,如图3-9a)所示。

(2)画轴测轴及圆的外切正方形的正等轴测图,得菱形 $EFGH$,如图3-9b)所示。

(3)连接 FA、FD、HB、HC 分别交于 M、N,分别以 F 和 H 为圆心,FA 或 HC 为半径作大圆弧,分别交 A、D 与 B、C,如图3-9c)所示。

(4)分别以 M、N 为圆心,以 MA 或 NC 为半径作小圆弧,分别交 C、D 与 A、B,即得平行于水平面的圆的正等测图,如图3-9d)所示。

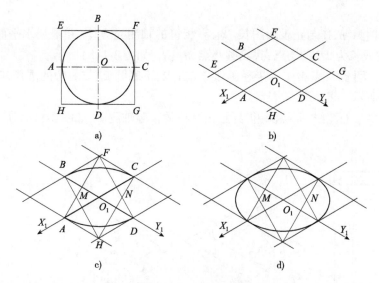

图 3-9 四心圆法画椭圆

2) 圆柱体的正等轴测图

【例题 3-5】 作图 3-10a)所示的圆柱体的正等轴测投影图。

解：作图步骤如下。

（1）作上、下底面圆菱形图，两菱形中心的距离等于圆柱高，用四心法作上、下底面圆的轴测图为椭圆，如图 3-10b)。

（2）作上、下底面椭圆的公切线，擦去多余的图线，并描深，得到圆柱体的正等轴测图，如图 3-10c)。

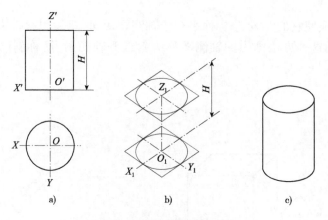

图 3-10 圆柱体正等轴测的画法

3. 带圆角平板的正等轴测图画法

【例题 3-6】 作图 3-11a)所示的带圆角平板的正等轴测图。

解：作图步骤如下。

（1）在正面投影图上定出原点和坐标轴的位置，确定长、宽、高的尺寸分别为 a、b、h，如

图 3-11a)所示。

(2)建立轴测轴,作与正投影图长、宽、高相符的轴测立方体,并根据水平面圆弧对应的尺寸分别作棱线长为 2R 的交点,找到圆心点 M_1、N_1,如图 3-11b)所示。

(3)以 M_1 为圆心,以 $M_1 1$ 为半径画弧交点 1、2,下底圆弧、靠右边的圆弧其画法相同,如图 3-11b)、c)所示。

(4)擦去多余的图线,并描深,得到圆角平板的正等轴测图,如图 3-11d)所示。

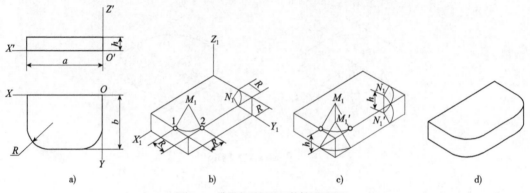

图 3-11 带圆角平板的正等轴测图画法

第三节 斜二等轴测图

一、轴间角和轴向伸缩系数

将形体放置成使它的 XOZ 坐标面平行于轴测投影面,然后用斜投影的方法向轴测投影面进行投影,用这种方法画出的轴测图称为斜二等轴测图,简称斜二测图。如图 3-12 所示。

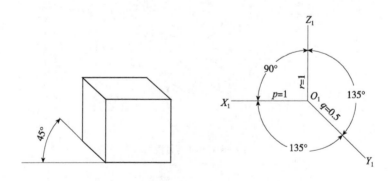

图 3-12 斜二等轴测图的轴测轴、轴间角和轴向伸缩系数

斜二测的轴间角:$\angle X_1 O_1 Y_1 = \angle Y_1 O_1 Z_1 = 135°$,$\angle X_1 O_1 Z_1 = 90°$。

斜二测的轴向伸缩系数:$p = r = 1$,$q = 0.5$。

二、斜二等轴测图的画法

斜二等轴测图的画法和正等轴测图的画法相同,一般有坐标法、叠加法和切割法。

1. 平面立体的斜二等轴测图画法

【例题 3-7】 以坐标法为例,画图 3-13a)所示的棱台的斜二等轴测图。

解:作图步骤如下。

(1)在正面投影图上定出原点和坐标轴的位置,确定边长、高为 a、h,如图 3-13b)。

(2)作出轴测轴,然后分别作出正四棱台底面和顶面的斜二等轴测投影,注意沿 O_1Y_1 方向轴向伸缩系数为 $q=0.5$,如图 3-13c)。

(3)擦去多余图线,并描深,得正四棱台的斜二等轴测图。

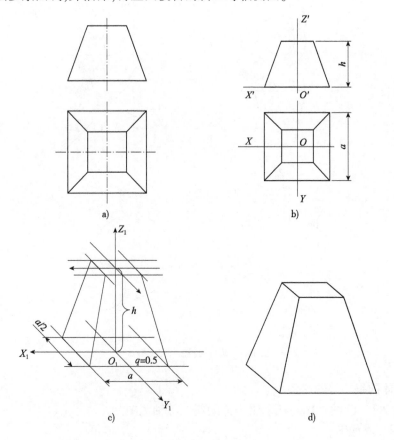

图 3-13 棱台的斜二等轴测图

2. 回转体的画法

1)平行于坐标平面的圆的斜二等轴测图

平行于正面的圆的斜二等轴测图,其投影仍然是圆;平行于水平面或侧立面的圆的斜二等轴测图,其投影为椭圆,如图 3-14 所示。

一般在作回转体的斜二等轴测图时,首先选择圆平行于正面,其投影是圆。选择圆平行于其他投影面，绘图很麻烦，尽量避免。

【例题 3-8】 画图 3-15a)所示的圆台的斜二等轴测图。

解：作图步骤如下。

(1) 在正面投影图上定出原点和坐标轴的位置，如图 3-15a)。

(2) 作出轴测轴，注意沿 O_1Y_1 方向轴向伸缩系数为 $q=0.5$，如图 3-15b)。

(3) 因为圆台顶面和底面平行于坐标面 $X_1O_1Z_1$，故其轴测投影仍然是圆，如图 3-15c)所示，画出两个圆的公切线，并描深，即得圆台的斜二等轴测图，如图 3-15d)所示。

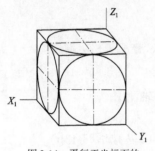

图 3-14 平行于坐标面的圆的斜二测图

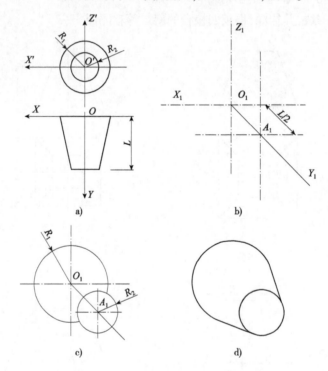

图 3-15 圆台的斜二等轴测画法

2) 组合体的斜二等轴测图

【例题 3-9】 画图 3-16a)所示组合体的斜二等轴测图。

解：作图步骤如下。

(1) 将原点和坐标轴的位置定在底面圆的中心处，如图 3-16a)所示。

(2) 作出斜二等轴测轴，在 $X_1O_1Z_1$ 平面内按 1∶1 的比例画出形体底面的轴测图，如图 3-16b)所示。

(3) 沿 O_1Y_1 方向，按照轴向伸缩系数 $q=0.5$，拉伸形体，即下部带缺口的长方体的长度为 $b/2$，如图 3-16c)所示。

(4) 再沿 O_1Y_1 方向，按照轴向伸缩系数 $q=0.5$，拉伸带孔圆柱体，即长度为 $a/2$，如图 3-16d)所示；画出两个圆的公切线，并描深，即得圆台的斜二等轴测图，如图 3-16e)所示。

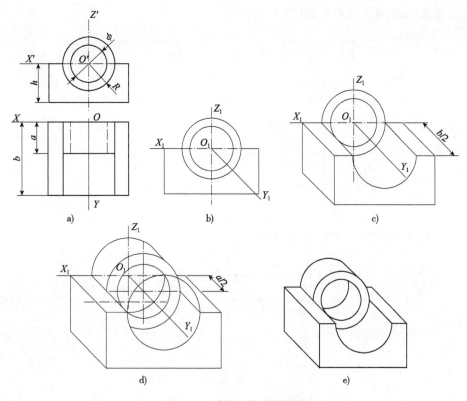

图 3-16 组合体的斜二等轴测图

一、简答题

1. 什么是轴测投影？它有哪些特性？
2. 什么是轴间角和轴向伸缩系数，正等轴测和斜二等轴测投影的轴间角和轴向伸缩系数分别是多少？
3. 画轴测图有哪几种方法？

二、作图题

1. 根据三视图，画正等轴测图（图 3-17）。

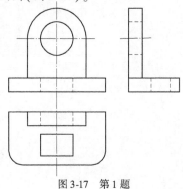

图 3-17 第 1 题

2.根据三视图,画正等轴测图(图3-18)。

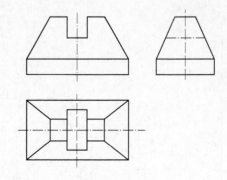

图 3-18　第 2 题

3.根据视图,画斜二等轴测图(图3-19)。

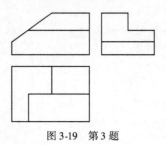

图 3-19　第 3 题

4.根据视图,画斜二等轴测图(图3-20)。

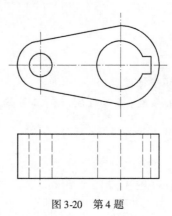

图 3-20　第 4 题

第四章　组合体的投影

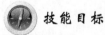知识点

1. 组合体的形成和分析方法。
2. 组合体投影图的画法及尺寸标注。
3. 用形体分析法和线面分析法识读组合体投影图。

技能目标

1. 会分析组合体的结构。
2. 会画简单组合体的三视图并进行清晰的尺寸标注。
3. 会用形体分析法和线面分析法识读组合体投影图。

组合体是由若干个基本几何体(棱柱、棱锥、圆柱、圆锥和球等)通过切割、叠加组合而成的立体。就形体而言,任何机器零件都可以看成是由一些简单的基本体组合而成的。本章所介绍的组合体是忽略掉机械零件的工艺特征,或是从局部结构中抽象简化后的几何模型。

第一节　组合体的形体分析

一、组合体的组合方式

1. 叠加方式

很多组合体是将各基本几何体或各组成部分通过叠加而成。如图 4-1a)所示的简化螺栓,是由六棱柱和圆柱体叠加而成的。

2. 切割方式

首先将组合体的总体形状看成是某一种完整的基本几何体,再用平面、曲面或其他基本几何体进行切割而成。如图 4-1b)所示的空心圆柱是由圆柱体经过中心切割小半径的圆柱体后形成的。

3. 综合型

综合型的组合体既有叠加又有切割,如图 4-1c)所示的形体是由三个基本几何体经过叠加,再分别切去两个圆柱体形成的,综合型的组合体是最常见的组合形式。

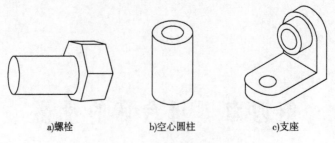

a)螺栓　　　　b)空心圆柱　　　　c)支座

图 4-1　组合体的组合方式

二、相邻两形体表面的相对位置

1. 共面与相错

共面是指相邻两形体表面相互平齐，两表面结合处无界线。若两形体表面共面，画图时不可用线隔开，如图 4-2a)所示。相错是指相邻两形体表面不平齐，错开一段距离，则两表面结合处必须画出分界线(即交线)，如图 4-2b)所示。

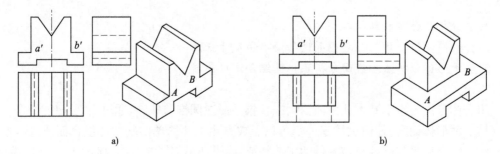

a)　　　　　　　　　　　　　　b)

图 4-2　共面与相错连接

2. 相交与相切

相交是指相邻两形体表面相交，两表面间有明显的分界线(棱线)，此时相交处要画交线，如图 4-3a)所示。相切是指相邻两形体表面光滑过渡，两表面间没有明显的分界线，此时相切处不画线，如图 4-3b)所示。

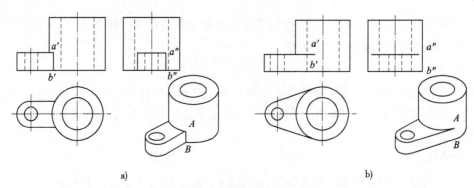

a)　　　　　　　　　　　　　　b)

图 4-3　相交与相切连接

第二节　组合体的画法

画组合体的三视图,应按一定的方法和步骤进行绘制,以轴承支架为例说明如下。

1. 形体分析

画图前必须对所画的组合体进行全面的了解,分析组合体是由哪些基本形体组成、它们之间的表面相对位置和组合形式。图4-4中的轴承支架这个组合体是由轴套、支撑板、肋板和底板四个形体组合而成。

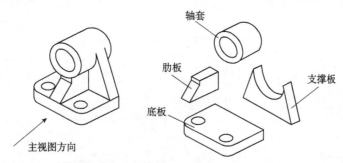

图4-4　轴承支架的形体分析

2. 选择主视图

在主视图、俯视图和左视图中,最主要的是主视图。主视图一经确定,俯视图和左视图也就随之而定了。选择主视图主要考虑组合体的安放位置和投射方向。通常将组合体按自然位置放置,即物体的主要平面(或轴线)平行或垂直于投影面;并取最能反映物体结构形状特征的这一视图作为主视图的投射方向。如图4-4中的箭头所指方向为主视图方向。

3. 选比例、定图幅

视图确定后,便要根据实物的大小,按标准规定选择适当的比例和图幅。在一般情况下,尽可能选用比例1∶1,图幅则要根据所绘制视图的面积大小和预留的标注尺寸和画标题栏的位置来确定。布置视图时要确定各视图的位置。

4. 画各形体的三视图

首先布置视图,画出作图基准线,即对称中心线、主要回转体的轴线、底面及重要端面的位置线,如图4-5a)所示。

然后画图,画图的顺序为:先画主要部分,后画次要部分;先画基本形体,再画切口、穿孔等局部形体。画图时,组合体的每一部分应该是三个视图配合画,每部分应从反映形状和位置特征最明显的视图入手,然后通过三等关系,画出其他两面投影,而不要先画完一个视图,再画另一个视图,如图4-5b)、c)所示。

5. 检查描深

认真检查底稿,考虑各形体之间表面连接处的投影是否正确。确认无误后,按标准线型描深,完成全图,如图4-5d)所示。

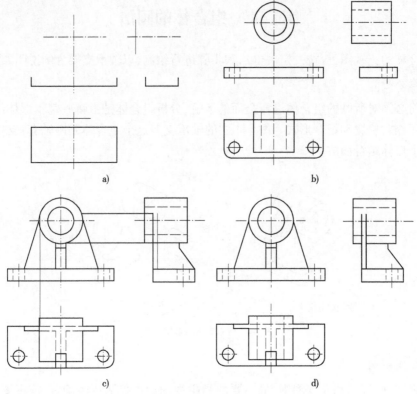

图 4-5 轴承支架的画图步骤

第三节 组合体视图的读图方法

一、形体分析法

形体分析法读图,就是先以特征比较明显的视图为主,根据视图间的投影关系,把组合体分解成几个基本体,并想象各基本体的形状,再按它们之间的组合方式和相对位置,综合想象组合体的形状。

形体分析法读图的步骤:

(1)分线框,对投影。在组合体的三视图线框明显的视图中分线框(从组合体中分解基本体),然后根据投影规律找出线框的对应关系。

(2)识形体,定位置。在组合体的三视图中分解出的线框,即是从组合体中分解出的基本体,利用线面分析等方法(待后讲),结合各基本体的特征,读懂各基本体的形状,并确定各基本体之间的相对位置。

(3)综合起来想整体。利用各线框(各基本体)之间的相对位置,综合想象组合体的形状。

【例题 4-1】 如图 4-6 所示,根据组合体的三面投影图,阅读组合体的空间形状。

第四章 组合体的投影

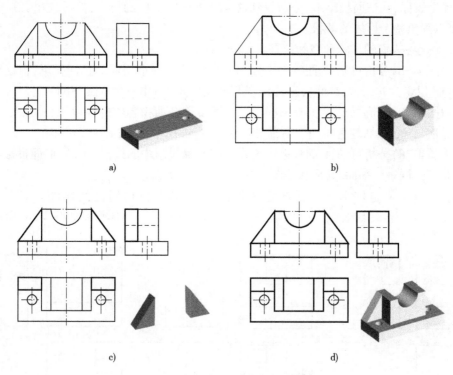

图4-6 形体分析法读图

解：(1) 分线框，对投影。根据组合体已知的三面投影图可知 V 面投影图中线框较为明显，故可把 V 面投影分为三个线框。然后根据"长对正、宽相等、高平齐"的投影规律，找出这三个线框的 H 面、W 面投影，如图4-6a)、b)、c)所示。

(2) 识形体，定位置。从三面投影图中分出的三个线框，即是把组合体分为不同形状的三个基本体(其中形状相同的基本体有两个)。可分别读出这些基本体的形状，如图4-6a)、b)、c)所示。

(3) 综合起来想整体。根据各线框(即是各基本体)之间的相对位置，综合想象出组合体的形状。整体形状如图4-6d)所示。

一般情况下，叠加型的组合体上各组成部分容易分解，可用形体分析法读图，但一些由基本体切割而成的组合体就不适合用形体分析法读图，则可用线面分析法读图。

二、线面分析法

对于用切割方式形成的组合体，视图上的一个封闭线框一般情况下代表一个面的投影，所以在读图时，可以根据图中图线和线框与表面或表面间的交线的对应关系，识别这些几何元素的空间位置和形状，从而可以想象出各组成部分之间的相对位置及立体的形状。

【**例题4-2**】 如图4-7a)所示，根据形体的三面投影图，阅读其空间形状。

解：(1) 从已知的三面投影中可看出，此形体是长方体经过4次切割形成的。4次切

工程制图

割形成 4 个表面,在三面投影中,分别找到这 4 个表面的对应的投影,然后读出其形状和位置,就可以读出整个形体的形状。

(2)确定各表面的形状和空间位置。

① 由图 4-7b)分析可知,V 面投影中 a' 所在的线框是一个切面的正面投影,根据投影规律,其 W 面投影为 a'' 线段,H 面投影是 a,其形状是图 4-7e)中所示的 A 平面。

② 由图 4-7c)分析可知,V 面投影中 c_1'、c_2' 线段和 H 面投影中的线段 c_1、c_2 以及 W 面投影中的线框 $c_1''(c_2'')$ 是表达同一个平面,其形状是图 4-7e)所示的 C_1、C_2)平面。

③ 由图 4-7d)分析可知,V 面投影中 b' 线段和 H 面投影中的线框 b 以及 W 面投影中的虚线段 b'' 是表达同一个平面,其形状是图 4-7e)所示的 B 平面。

(3)综合想象整体形状。根据各平面的空间位置和它们之间的相对位置,并按图 4-7b)、c)、d)分步"组装",综合想象出此形体的空间形状。整体形状如图 4-7e)所示。

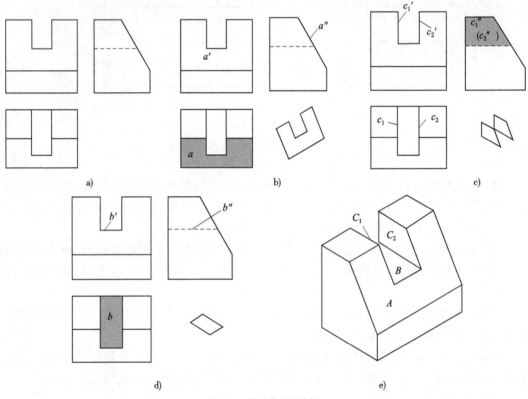

图 4-7　线面分析法读图

形体分析法和线面分析法两者的读图步骤虽然相似,但形体分析法是从体的角度出发,划分视图所得的三个投影是一个形体的投影;而线面分析法是从面的角度出发,"分线框对投影"所得的三个投影是一个面的投影。

形体分析法较适合于以叠加方式形成的组合体,线面分析法较适合于以切割方式形成的组合体。由于组合体的组合方式往往既有叠加又有切割,所以看图时一般不是独立地采用某种方法,而是两者综合使用,互相配合,互相补充。

第四节 组合体的尺寸标注

视图只能表达组合体的结构形状,而其真实大小及各组成部分和相对位置则要通过尺寸来确定。组合体的尺寸标注是组合体的投影分析中一个必不可少的重要技术依据。

一、尺寸标注的基本要求

组合体标注尺寸的基本要求是:正确、完整、清晰、合理。

(1)尺寸标注要正确。所注尺寸应符合国家标准有关尺寸注法的规定,尺寸数字要准确。

(2)尺寸标注要完整。所注尺寸必须把组合体中各基本形体的大小及相对位置确定下来,不遗漏、不重复标注。

(3)尺寸标注要清晰。要求尺寸配置要清楚、恰当、便于看图。

(4)尺寸标注要合理。所注尺寸应符合形体构成规律与要求,便于加工和测量。

二、尺寸标注的类别

对组合体进行尺寸标注时,要标注三类尺寸:定形尺寸、定位尺寸、总体尺寸。

(1)定形尺寸:确定组成组合体的每个基本几何体的形状和大小的尺寸称为定形尺寸。定形尺寸应尽量标注在形状特征清晰的视图上。如图4-8主视图中的$R12$、$\phi12$、10,俯视图中的8、$R10$、$2\times\phi10$均为定形尺寸。

(2)定位尺寸:确定组成组合体的基本形体之间的相对位置的尺寸称为定位尺寸。标注定位尺寸时,必须在长、宽、高三个方向上确定主要的尺寸基准,以便确定各基本体的相对位置。

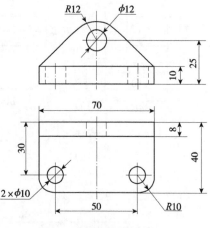

图4-8 组合体的尺寸标注

所谓尺寸基准,是指标注和度量尺寸的起点。具体地说,是确定尺寸起点的点、线或面。一般选择组合体的对称面、底面、较大的端面或主要回转体的轴线等作为尺寸基准。从图4-8可知,该组合体高度方向的尺寸基准是底板的底面,长度方向的尺寸基准是底板的对称面,宽度方向的尺寸基准是底板和大圆柱竖板的公共面后端面。有了尺寸基准,定位尺寸也就明确了。如图4-8俯视图中,底板上2个小孔的中心距50、宽度方向定位尺寸30、主视图中竖板上小孔中心距底板25,都是定位尺寸。

(3)总体尺寸:确定组合体总长、总宽、总高的尺寸称为总体尺寸。它确定出组合体所占空间的大小。如图4-8所示组合体的总体尺寸为:总长70、总宽40、总高$25+12=37$。

值得注意的是,上述三类尺寸并不总是界线分明的,往往会互相重合或彼此相替代,如图4-8所示底板的定形尺长70、宽40,同时也是总体尺寸的长和宽。

三、尺寸标注的注意事项

（1）同一形体的定形尺寸和定位尺寸，应尽量集中标注在反映该部分形状特征最明显的视图上。

（2）圆柱、圆锥等回转体的直径尺寸，应尽量标注在非圆的视图上，如图 4-9a）中的"$\phi 20$"；圆弧半径尺寸则必须注在反映圆弧实形的投影图上，如图 4-9a）中的"$R15$"。

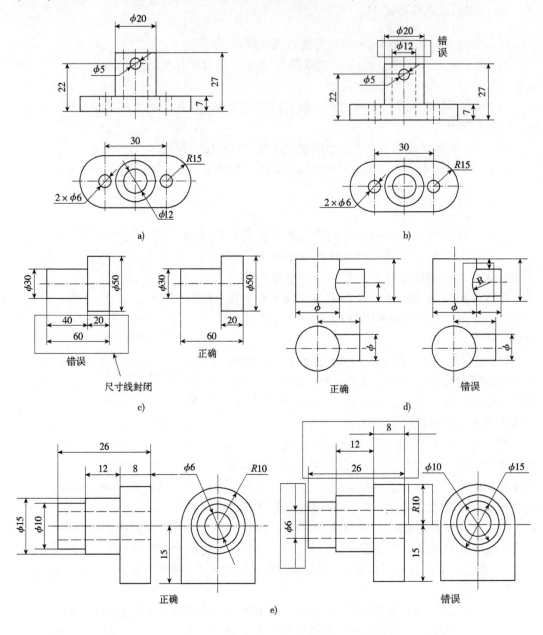

图 4-9　清晰的尺寸标注

(3) 直径相同、并在同平面上均匀分布的孔组,只需标注一个孔的尺寸,再在直径符号"ϕ"前注明孔数,如图 4-9a)中所示的 $2\times\phi6$,而在同一平面上若干半径相同的圆角,则不能在半径"R"前面加注个数。

(4) 尽量避免在虚线上标注尺寸,如图 4-9b)中的"$\phi12$",合理的标注如图 4-9a)中所示。

(5) 同方向的尺寸不能注成封闭的尺寸链,如图 4-9c)所示。

(6) 截交线和相贯线上不注尺寸,一般应先标注出原始立体的定形尺寸,然后标注截平面或相贯线的定位尺寸即可,如图 4-9d)所示。

(7) 同一方向首尾相接的尺寸,应尽量配置在同一直线上。当同一方向有数个并列的平行尺寸时,小的尺寸在里,尽量靠近图形,大尺寸依次向外排列。尽量避免尺寸线和尺寸线及尺寸界线交叉,如图 4-9e)所示。

四、尺寸标注的步骤举例

组合体尺寸标注的分析方法和步骤:

(1) 形体分析。分析出组合体是由哪些基本体组合而成的,以便进行分解标注。如果是切割式组合体,要分析出它的原基本体形状特征,然后确定各切割部分的相对位置。

(2) 确定尺寸基准。在长、宽、高三个方向上至少各确定一个主要基准。对于对称结构的组合体,尺寸基准应选择在对称中心面上;对于具有重要回转体结构的组合体,尺寸基准应选择在回转体的轴心线上;另外,一些重要端面等也可以作为尺寸基准。

(3) 标注定形尺寸。逐一标注每个组成部分形体的定形尺寸,且尽量标注在形状特征清晰的投影上,同一形体的尺寸尽量集中标注,且只标注一次。

(4) 标注定位尺寸。标注定位尺寸时应选择一个或几个标注尺寸的起点,长度方向上可选择左侧或右侧作为起点,宽度方向可选择前侧或后侧作为起点,高度方向上可选择底面或顶面作为起点。如果形体是对称的,也可选择对称中心线作为尺寸的起点。

(5) 标注总体尺寸。在定形和定位尺寸标注后,还要标注物体的总长、总宽、总高。有时组合体的总体尺寸与部分构成形体的定位尺寸重合,这时只需将未标注的尺寸标注即可,尺寸的标注应做到不重复、不矛盾。注意总体尺寸的标注不能标注到回转体的轮廓素线上。

【例题 4-3】 对图 4-10a)所示的组合体进行尺寸标注。

解:标注尺寸的步骤。

(1) 进行形体分析。该组合体可以分解为底板、圆筒两个基本部分。

(2) 选定尺寸基准,选择底板底面为高度方向的基准,选择通过圆筒轴线的对称平面分别为长度和宽度方向的尺寸基准,如图 4-10a)所示。

(3) 逐个标注形体的定形尺寸,如图 4-10b)所示。

(4) 标注定位尺寸,如图 4-10c)所示。

(5) 调整并标注总体尺寸,如图 4-10d)所示。

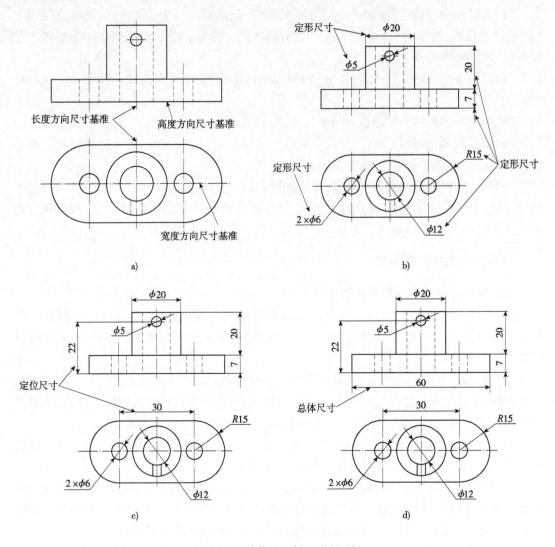

图 4-10 组合体的尺寸标注分析示例

复习思考题

一、简答题

1. 组合体的组合形式有哪几种？组合体的各基本体表面之间位置关系有哪几种？
2. 简述组合体画图的步骤。
3. 什么是形体分析法和线面分析法？
4. 组合体的尺寸标注有哪几类？

二、作图题

1. 根据形体的三视图，补画图中所缺的线（图 4-11）。
2. 根据立体图，补画三视图中所缺的线（图 4-12）。

第四章 组合体的投影

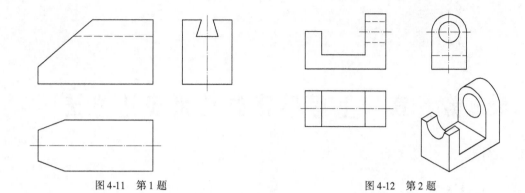

图4-11 第1题　　　　图4-12 第2题

3. 对照组合体的立体图,补画第三视图(图4-13)。
4. 根据立体图及其上所注尺寸画组合体的三视图(图4-14)。

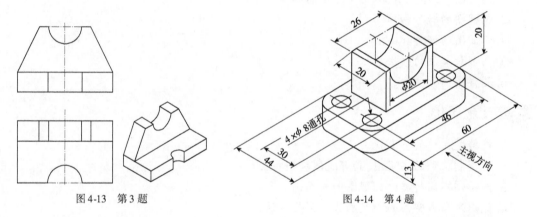

图4-13 第3题　　　　图4-14 第4题

5. 标注图4-15所示组合体视图的尺寸(尺寸数字从图中按比例1∶1量取,取整数)。

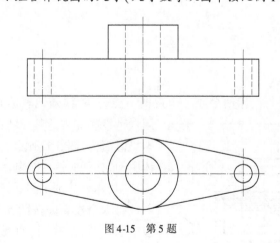

图4-15 第5题

83

第五章　工程形体的常用表达方法

知识点

1. 基本视图的概念。
2. 向视图、局部视图、斜视图的概念和画法。
3. 剖视图的概念和画法。
4. 断面图的概念和画法。
5. 局部放大法的画法。
6. 图样的简化画法。

技能目标

1. 能绘制机件的基本视图。
2. 能绘制机件的向视图、局部视图和斜视图。
3. 能绘制不同种类的剖视图和断面图。
4. 能识别各种常用的规定画法和简化画法。

第一节　视　　图

一、基本视图

对于比较复杂的机件,用两个或三个视图不能完整、清晰地表达其内外结构时,可以采用六个投影面表达其形状,这六个投影面称为基本投影面,如图5-1所示。将机件放在一个六面体中间,分别向这六个基本投影面进行投影所得的视图,称为基本视图。

将六个投影面按图5-2所示展开,基本视图包括主视图、俯视图、仰视图、左视图、右视图和后视图。其中,主视图、俯视图和左视图前面已有介绍,另外三个视图是：

仰视图:由下向上投影所得的视图。
右视图:由右向左投影所得的视图。

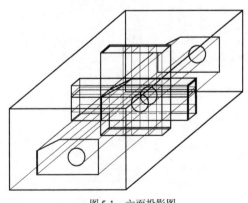

图5-1　六面投影图

后视图:由后向前投影所得的视图。

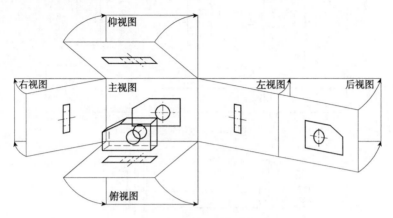

图 5-2　六面投影图的展开

六个基本视图展开在同一张图纸内,按图 5-3 绘制时,可不标注视图名称。六个基本视图之间要符合长对正、高平齐和宽相等的投影规律。

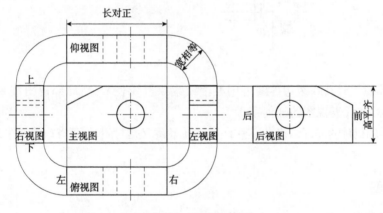

图 5-3　基本视图的配置

基本视图主要用于表达机件的形状,对于视图中不影响看图的虚线通常可以省略不画。在绘图时,可根据机件的形状和结构特点选用适当的表达方法,并应在表达图纸内容的前提下减少视图的数量,而且在选择视图时,一般要优先选用主视图、俯视图和左视图三个基本视图。

二、向视图

为了合理的布置基本视图,可以采用向视图。向视图是可以自由配置的视图,标注方法是在向视图的上方标注大写的拉丁字母(也可以是大写的英文字母)"×",并在相应视图的附近用箭头指明投影方向,并标注相同的字母,如图 5-4 所示。

三、局部视图

局部视图是将机件的某一局部向基本投影面投影所得的视图。局部视图可按基本视图的配置形式配置,如图 5-5 所示;也可按向视图的配置形式配置,如图 5-5 中 A 向视图。

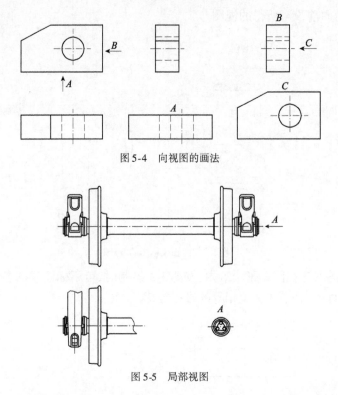

图 5-4　向视图的画法

图 5-5　局部视图

绘制局部视图时其断裂边界线可用波浪线或双折线表示,当局部视图按基本投影关系配置时,不必标注代表视图的任何字母。

当所表示的机件的局部结构是完整的,且外形轮廓又是封闭时,可省略波浪线,如图 5-5 中 A 向视图。

四、斜视图

斜视图是机件向不平行于基本投影面的平面投射所得的视图。当机件上某部分是倾斜的结构,在各基本视图中均不能反映实际形状,这时可选用一个新的辅助投影面,使它与机件上的倾斜部分平行(且垂直于某一个投影面),将此倾斜部分向辅助投影面投射,就得到反映该部分实形的视图,即斜视图,见图 5-6a)。

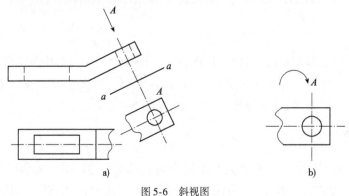

图 5-6　斜视图

绘制斜视图时通常可只画出倾斜部分的局部外形,而断去其余部分并按向视图的配置形式配置和标注。

如斜视图需要旋转时,需加注旋转符号,注明旋转方向,必要时加注旋转角度,旋转符号如图5-6b)所示,箭头表示旋转方向,表示斜视图名称的大写字母在箭头一侧,需要标注角度时,角度值标注在大写字母之后。

第二节 剖 视 图

一、基本概念

对于机件中不可见的轮廓线采用虚线表示。对于内部结构较为复杂的机件,过多的虚线、实线交错重叠,很难分清层次,影响图纸的清晰性,给看图造成困难,而且不便于标注尺寸。为了能把机件内部结构表达清楚的同时又减少图中的虚线,常采用剖视的画法。

对于一个机件,采用与投影面平行的一个面作为剖切平面,假想用剖切平面将机件切开,移除观察者和剖切平面之间的机件部分,将剩余部分向投影面投射,所得的图形称为剖视图,简称剖视(图5-7)。

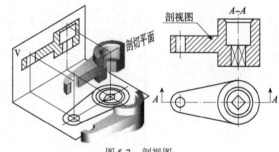

图5-7 剖视图

二、剖视图的画法

1. 确定剖切平面的位置

一般地,剖切平面要过机件的对称平面或过机件上某一回转体的轴线,且要平行于某一基本投影面。如图5-7所示,取平行于正面的对称面为剖切面,即 A-A。

2. 画剖视图

(1)画出剖切平面切开后的断面图形的投影。
(2)画出剖切平面后面的所有可见轮廓线的投影。

3. 画剖面符号

剖面符号与机件的材料有关(表5-1)。金属材料的剖面符号为一组间隔相等、方向相同且平行的细实线(称为剖面线),通常与图形的主要轮廓线成45°,如表5-1中的金属材料。对于同一机件,在它的各个剖视图和断面图中,剖面线的倾斜方向和间隔应一致。

4. 标注

剖视图中用字母"×-×"表示剖视图的名称,用剖切符号(线宽1~1.6d,长5~10mm短粗线)表示剖切位置,用箭头表示剖开机件后的投影方向,如图5-8所示。

当剖视图按投影关系配置,中间没有被其他图形隔开时,可省略箭头。当单一剖切平面通过机件的对称平面或基本对称平面,剖视图按投影关系配置,中间没有被其他图形隔开时,可省略标注(图5-9)。

剖 面 符 号　　　　　　　　　　　表5-1

材料类别	图示	材料类别	图示
金属材料 (已有规定剖面符号者除外)		胶合板 (不分层数)	
线圈绕组元件		基础周围的混土	
转子、电枢、变压器和电抗器等的迭钢片		混凝土	
非金属材料 (已有规定剖面符号者除外)		钢筋混凝土	
型砂、填砂、粉末冶金、砂轮、陶瓷刀片、硬质合金刀片等		砖	
玻璃及供观察用的其他透明材料		格网 (筛网、过滤网等)	
木材 纵剖面		液体	
木材 横剖面			

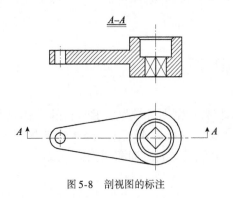

图5-8　剖视图的标注

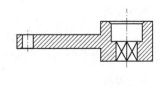

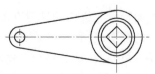

图5-9　省略标注的剖视图

三、剖视图的注意事项

绘制剖视图的时候,以下几点需要注意。

(1)剖视图是假想的把机件剖开,因此除剖视图外,其他视图不受剖视图的影响,仍应按完整的机件画出投影。

（2）剖开机件后，剖切面后面的所有可见轮廓线应全部画出，不能遗漏。

（3）对于剖视图或视图上已表达清楚的结构，在剖视图或其他视图上这部分结构的投影为虚线时，一般省略不画，如图5-10主视图中的虚线应该省略。但没有表达清楚的结构，仍应画出虚线。

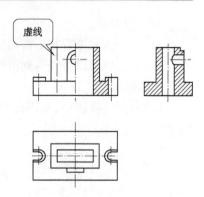

图5-10　省略虚线

四、剖视图的种类

一般按剖开机件的范围大小不同，剖视图可分为全剖视图、半剖视图和局部剖视图三种。

1. 全剖视图

用剖切面将机件完全剖开所得到的剖视图称为全剖视图，如图5-9所示。

全剖视图主要用于表达内部形状较复杂，又不对称的机件；或者外形比较简单的对称机件。全剖视图能清楚地反映机件的内部结构，但同时将机件的外形剖掉。

2. 半剖视图

若机件具有对称平面，在向垂直于对称平面的投影面投射时，以对称中心线为界，一半画成剖视图，另一半画成视图，这样得到的图形称为半剖视图，如图5-11所示。注意：剖开与不剖的分界线以点画线为界，不能画成粗实线。

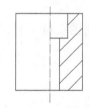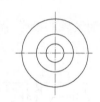

图5-11　半剖视图

半剖视图能在一个图形中同时表达出机件的外形和内部结构。

若机件接近对称，且不对称部分已在其他视图中表达清楚，也可采用半剖视图。

3. 局部剖视图

局部剖视图是采用剖切平面局部地剖开机件所得的剖视图，称为局部剖视图。

1）适用范围

（1）仅仅需要表达某一局部的内部结构，如图5-12a）。

（2）当机件只有局部内形需要剖切表示，且不宜采用全剖视图，如图5-12b）。

（3）因机件对称位置有轮廓线与中心线重合，而不适合采用半剖视图。

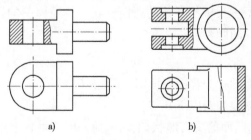

图5-12　局部剖视图

2)注意事项

(1)波浪线和双折线不得与图形上其他图线重合。

(2)波浪线和双折线遇到机件上的孔、槽等空腔结构时不能穿空而过,应断开,也不能超出视图的轮廓线,如图 5-13 所示。

(3)在同一视图中,采用局部剖视图的数量不宜太多,以免使图形支离破碎,影响图面清晰。

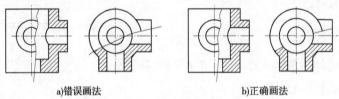

a)错误画法　　　　　　　b)正确画法

图 5-13　波浪线的画法

第三节　断　面　图

一、基本概念

假想用剖切平面将机件的某处切断,仅画出该剖切面与机件接触部分(剖面区域)的图形,叫做断面图,如图 5-14。

此处需注意:前面所讲的剖视图包括剖面区域和非剖面区域的投影,而断面图仅包含剖面区域的投影,如图 5-15。

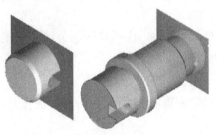

图 5-14　断面图原理

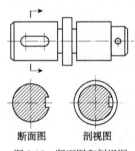

图 5-15　断面图和剖视图

二、断面图的种类和画法

断面图常用于表达型材及机件某处的断面形状。按断面图的摆放位置不同,断面图分为移出断面图和重合断面图两种。

1. 移出断面图

画在视图之外的断面图称为移出断面图,如图 5-16 所示。

绘制移出断面图时需要注意以下几点:

(1)为了能够表示出断面的真实形状,剖切平面一般应垂直于机件或通过圆弧轮廓线的中心。

(2)移出断面图的轮廓线用粗实线绘制。

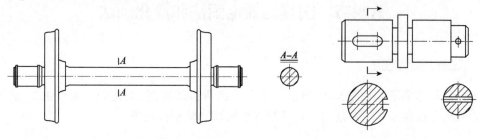

图 5-16　移出断面图(一)　　　　　图 5-17　移出断面图(二)

(3)移出断面图尽量画在剖切平面迹线的延长线上。

(4)当剖切平面通过由回转面形成的孔或凹坑等结构的轴线时,这些结构应按剖视图画出,如图 5-17 所示。

移出断面一般应标注剖切线、剖面符号和字母。

当断面图画在剖切线的延长线上时,对称的图形可省略标注,若不对称应标注剖切符号及投射方向箭头。

当断面图未放置在剖切位置的延长线上时,应标注剖切符号和表示断面图名称的字母(图 5-18)。

图形对称时,移出断面可以画在中断处(图 5-19)。图形不对称时,移出断面不得画在中断处。

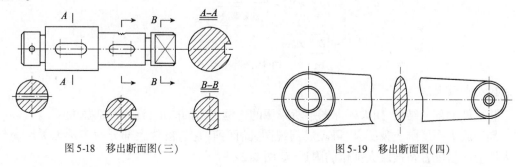

图 5-18　移出断面图(三)　　　　　图 5-19　移出断面图(四)

2. 重合断面图

剖切后将断面图重叠在视图上的断面图称为重合断面图。重合断面图多用于表达机件上形状较为简单的断面。

绘制重合断面图时需要注意以下几点:

(1)重合断面图的轮廓线用细实线绘制,且不得影响视图中的轮廓线。

(2)对称的重合断面图可省略标注;不对称的断面应作出标注,可省去字母(图 5-20)。

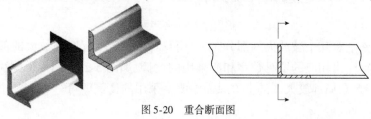

图 5-20　重合断面图

第四节　图样的规定画法和简化画法

一、图样的规定画法

图样的基本表示法如图 5-21 所示。除去前面所讲的视图、剖视图和断面图外,还有规定画法和简化画法。规定画法主要包括局部放大法和肋板画法等。

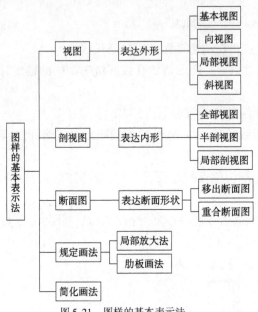

图 5-21　图样的基本表示法

1. 局部放大法

将机件的部分结构,用大于原图形所采用的比例画出的图形,称为局部放大图。

局部放大图可画成视图,也可画成剖视图、断面图,它与被放大部分的表示无关。局部放大图应尽量配置在被放大部位的附近,如图 5-22 所示。

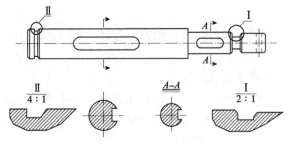

图 5-22　局部放大法

当同一机件上有几个被放大的部分时,应用罗马数字依次标明被放大的部位,并在局部放大图的上方标注出相应的罗马数字和所采用的比例,如图 5-22 中Ⅰ、Ⅱ;当机件上被放大的部分仅一个时,在局部放大图的上方只需注明所采用的比例即可。

2. 肋板画法

对于机件的肋、轮辐及薄壁等,当剖切平面通过肋板厚度的对称平面或轮辐的轴线时(即按纵向剖切),这些结构都不画剖面符号,而是用粗实线将它与其邻接部分分开,如图 5-23 所示的左视图。但当剖切平面垂直于肋板厚度的对称平面或轮辐的轴线时(即按横向剖切),肋板和轮辐仍要画上剖面符号,如图 5-23 中的俯视图。概括来说,横剖纵不剖。

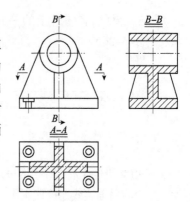

图 5-23 肋板画法

二、图样的简化画法

简化画法是在保证不致引起误解和不会产生理解多意性的前提下,力求制图简便,能够表达出设计意图的简化表达方法。

1. 简化画法的基本要求

(1)避免不必要的视图和剖视图。
(2)在不致引起误解时,应避免使用虚线表示不可见的结构。
(3)尽可能使用有关标准中规定的符号,表达设计要求。
(4)尽可能减少相同结构要素的重复绘制。

依据以上四个原则,国标《技术制图简化表示法第 1 部分:图样画法》(GB/T 16675.1—2012)给出了相应的简化画法,这里只介绍一些比较常用的简化画法。

2. 常用的简化画法

(1)当零件回转体上均匀分布的肋板、轮辐、孔等结构不处于剖切平面上时,可将这些结构旋转到剖切平面上画出。图 5-24a)中肋板不对称,可画成对称;图 5-24b)中孔未剖到,可画成剖到的投影。

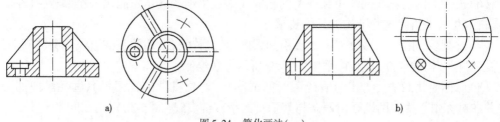

图 5-24 简化画法(一)

(2)较长的机件(轴、杆、型材、连杆等)沿长度方向的形状一致或按一定规律变化时,可断开后缩短绘制(图 5-25)。断裂处可用波浪线或双折线表示。标注尺寸时,仍标注实际长度。

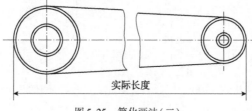

图 5-25 简化画法(二)

(3)当回转体零件上的平面在图形中不能充分表达时,可用两条相交的细实线表示这些平面(图5-26)。

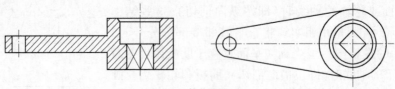

图5-26　简化画法(三)

(4)当机件上有若干相同的结构要素并按一定的规律分布时,只需画出几个完整的结构要素,其余的用细实线连接或画出其中心位置。在零件图中则必须注明该结构的总数(图5-27)。

(5)与投影面倾斜角≤30°的圆或圆弧,其投影可以用圆或圆弧来代替(图5-28)。

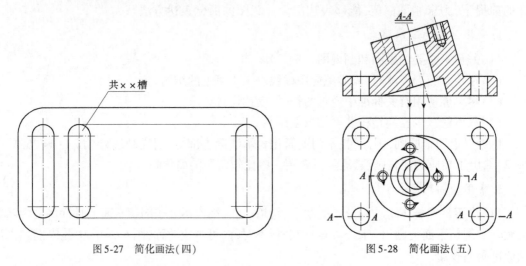

图5-27　简化画法(四)　　　　　　　　图5-28　简化画法(五)

(6)机件上的滚花或网纹可在视图的轮廓线附近用细实线示意画出一小部分,并在图样上或技术要求中指明这些结构的具体要求。

(7)过渡线、相贯线、截交线在不致引起误解时,允许简化,用圆弧或直线代替非圆曲线。零件上对称结构的局部视图,可采用图5-29所示方法绘制。

(8)对称简化画法。为了节省绘图时间或图幅,对称机件的视图可只画一半或四分之一,并在对称中心线的两端画出两条与其垂直的平行细实线(图5-30)。

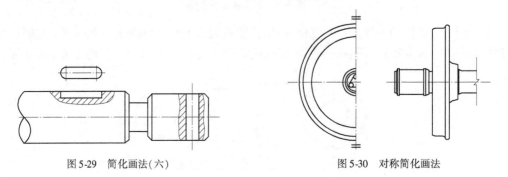

图5-29　简化画法(六)　　　　　　　　图5-30　对称简化画法

在表达机件时,要根据机件的形体结构,综合运用视图、剖视、断面等各种表达方法将机件的内外结构形状表示清楚。同一机件往往可用不同的表达方法,在选择表达方法时,应遵循准确、完整、清晰的原则,力求画图简便、读图容易。

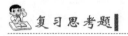

复习思考题

一、简答题

1. 基本视图都包括哪些?
2. 什么是剖视图?常用剖视图的种类有哪些?
3. 什么是断面图?断面图包括哪些?

二、作图题

1. 看懂物体的两个视图,完成半剖的主视图和左视图(图 5-31)。
2. 画出全剖的左视图(图 5-32)。

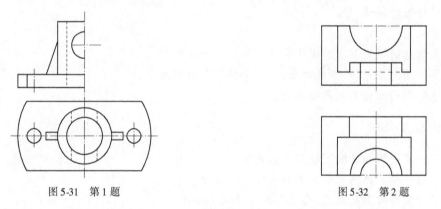

图 5-31 第 1 题　　　　　　　　　　图 5-32 第 2 题

3. 画出轴在指定位置的移出断面图(键槽深 4mm),并进行标注(图 5-33)。

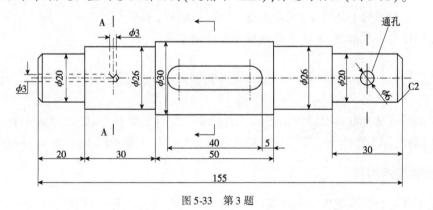

图 5-33 第 3 题

第六章　零件图与装配图

知识点

1. 零件图的内容。
2. 零件图的视图选择和尺寸标注。
3. 零件图的技术要求。
4. 零件图的阅读。
5. 装配图的内容。
6. 装配图的规定画法和简化画法。
7. 装配图的尺寸标注、技术要求、零部件序号和明细栏。
8. 装配图的阅读和拆画零件图。

技能目标

1. 掌握零件图和装配图的作用和内容。
2. 掌握典型零件的表达方案和尺寸标注方法。
3. 了解零件表面粗糙度、公差与配合等技术要求。
4. 会阅读中等难度的零件图。
5. 了解装配图的表达方法、规定画法、尺寸标注和技术要求。
6. 能读懂简单装配图,并从中拆画指定零件的零件图。

第一节　零件图基本知识

任何机器或部件都是由零件组成的。表达单个零件的结构形状、尺寸大小和技术要求等内容的图样,称为零件图。零件图是制造和检验零件的主要依据。

一、零件图的内容

根据零件在机器或部件上的作用,一般可将零件分为标准件、常用件和一般零件三类。

1. **标准件**

国家标准已经将其形状、结构、尺寸、精度及画法等全部标准化的零件,如紧固件(螺栓、螺母、垫圈等)、滚动轴承等。标准件通常由专门的工厂进行专一的批量生产,在产品设计中查阅有关标准手册即可,无须画出零件图。

2. 常用件

机器或部件中经常使用的零件,如齿轮、弹簧等。为了简化设计,国家标准对其部分结构和尺寸参数进行了标准化,这类零件通常需要按照规定画法来绘制零件图。

3. 一般零件

专门为某台机器或部件的功能需要而设计的零件。一般零件都要准确的画出零件图,然后依据零件图进行加工制造。

本节重点介绍绘制和阅读一般零件图的基本方法。

图 6-1 是转向螺杆侧盖零件图。从图中可以看出一张完整的零件图必须包含下列内容:

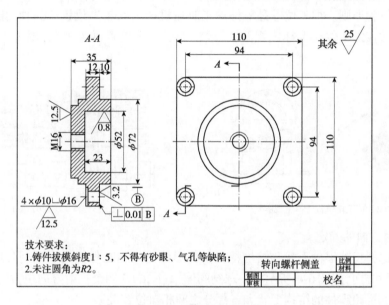

图 6-1　转向螺杆侧盖零件图

(1) 一组视图。综合应用各种表达方法,正确、完整、清晰、简便地表达零件的内外结构形状的一组视图。

(2) 完整的尺寸。正确、完整、清晰、合理地标注出零件的全部尺寸,以确定零件各部分的结构形状的大小和相对位置。

(3) 技术要求。一般应采用规定的代号、符号、数字和字母等在图中标注出零件在制造和检验过程中应达到的各项技术要求,如尺寸公差、形状和位置公差、表面粗糙度,材料、表面处理等,其他需要文字说明的内容可在图中下方空白处注写。

(4) 标题栏。一般在图样的右下角,用来填写零件的名称、材料、比例、图号等内容。

二、零件图的视图选择与尺寸标注

1. 零件图的视图选择

零件图的视图选择就是选择一组能正确、完整、清晰、简便地表达零件内外结构形状的图形,并方便阅读和绘制。

97

1)主视图的选择

主视图是一组视图的核心,主视图选择的是否恰当,直接影响读图和画图是否方便。主视图的选择包括零件的安放位置和投射方向两方面的内容。

(1)零件位置的确定。

一般情况下,确定零件的位置遵循以下原则:

①工作位置原则。工作位置是指零件在机器或部件中工作时所处的位置。主视图的位置和工作位置相一致,容易想象零件的工作状况,便于读图。对在制造过程中加工方法比较多的箱体、叉架等非回转体类零件,应选取工作位置作为主视图。对在机器中工作时斜置的零件,为便于画图和读图,应将其放正,如图 6-2 所示。

②加工位置原则。加工位置是零件加工时在机床上的装夹位置。如轴、套、轮、盘等回转体类零件常按加工位置选择主视图,一般将轴线水平放置画主视图,便于加工时直接对照,如图 6-3 所示。

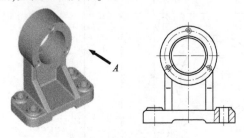

图 6-2　按工作位置选择主视图

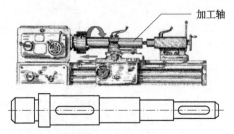

图 6-3　按加工位置选择主视图

(2)投射方向的确定。

一般应选择反映零件形状和结构特征及各形体之间相互位置关系最明显的方向,作为主视图的投射方向,如图 6-4 所示为一球阀阀体,A、B、C、D 四个投射方向中,经比较,沿 B 向投射能较多的反映零件的结构形状和各部分之间相对位置关系。

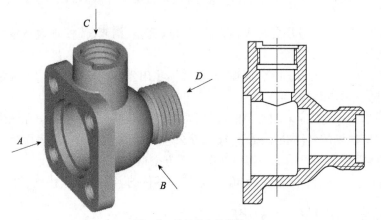

图 6-4　投射方向的选择

2)其他视图的选择

选定主视图后应根据零件的结构形状,适当的选择一定数量的其他视图,一般应优先选用基本视图。其他视图和主视图要各有侧重,相互弥补,并力求能以最少的视图完整、正确、清晰的表达零件的内外结构。

2. 表达方案

实际生产中的零件结构千变万化,种类繁多,为了便于分析和掌握,通常将零件分为四类:轴、套类,盘、盖类,叉架类和箱体类,如图6-5所示。不同类型的零件用不同的表达方法,现一一进行分析介绍。

a)轴、套类　　b)盘、盖类　　c)叉架类　　d)箱体类

图6-5　各类零件

1)轴、套类零件

轴、套类零件包括各种轴、衬套、轴套等,其主要结构为不同直径的回转体,而且一般都在车床上加工。所以,主视图采用轴线水平放置的基本视图表达,轴上的键槽、销孔、退刀槽等结构采用移出断面、局部剖视、局部放大等表达方法,如图6-6所示为车用半轴零件图。

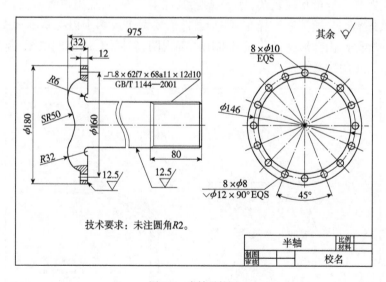

图6-6　半轴零件图

2)盘、盖类零件

盘盖类零件包括各种手轮、齿轮、法兰盘、端盖、压盖等,其主要结构为回转体,但轴向尺寸远远小于径向尺寸,呈盘状。所以,一般采用两个基本视图表达,盘上的轴孔、筋板和螺纹孔等结构采用局部视图、移出断面等表达方法,如图6-7所示为汽车用齿轮泵出油法兰。

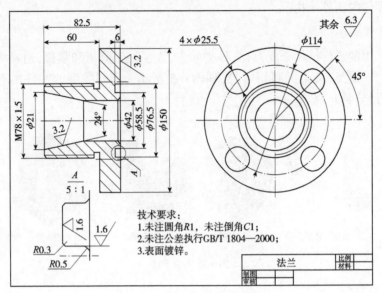

图 6-7　齿轮泵出油法兰零件图

3) 叉架类零件

叉架类零件包括拨叉、支架、连杆、支座等，一般由工作、安装和连接三部分组成。工作部分一般为圆筒、半圆筒或带圆弧的叉，安装部分为方形或圆形底板，连接部分为各种形状的肋板。此类零件一般形状较复杂，且不规则，其加工工序多，加工位置多变，所以一般按其工作位置或其倾斜部分摆正来选择主视图，通常需要两个或两个以上基本视图表达主要结构形状，对倾斜部分、内部形状及肋板可选用局部视图、斜视图、局部剖视图、断面图等表达，如图 6-8 所示为车用拨叉零件图。

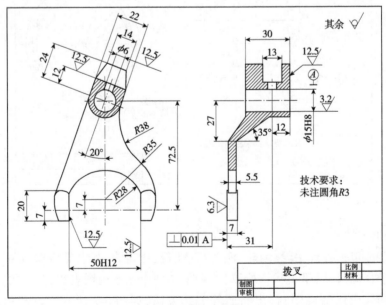

图 6-8　拨叉零件图

4) 箱体类零件

箱体类零件包括阀体、泵体和箱体等,其结构多为外形简单、内形复杂的箱体。一般需用三个或三个以上的基本视图表达,其他局部结构常用局部视图、局部剖视图、断面图等表达,如图6-9所示为齿轮泵泵体零件图。

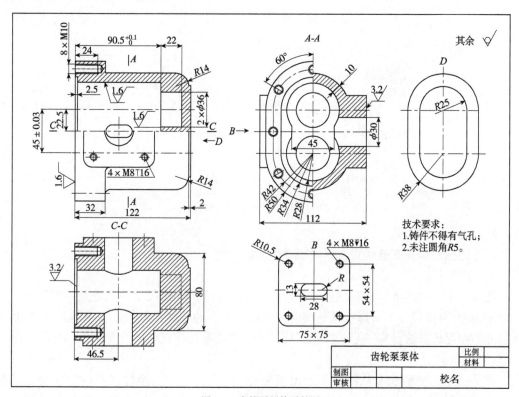

图6-9 齿轮泵泵体零件图

3. 零件图的尺寸标注

零件图中的视图只能表达零件的结构形状,而尺寸是用来表达零件各部分的大小和相对位置。尺寸是加工和检验零件的重要依据,标注尺寸时要求做到正确、完整、清晰、合理。

1) 尺寸基准的选择

尺寸基准就是标注尺寸的起点。零件有长、宽、高三个方向,每个方向至少要有一个尺寸基准,当同一方向有几个基准时,其中之一为主要基准,其余为辅助基准。根据作用不同,尺寸基准分为设计基准和工艺基准两种。

(1) 设计基准。

根据零件的构型和设计要求而选定的一些基准,称为设计基准。一般是用来确定零件在机器中的位置的面和线。

(2) 工艺基准。

为便于加工和测量而选定的一些点、线、面,称为工艺基准。工艺基准又可分为用以确定零件加工时装夹位置的定位基准和用于测量时确定测量位置的测量基准。

从设计基准出发标注尺寸,能保证设计要求;从工艺基准出发标注尺寸,便于加工和测量。所以,选择尺寸基准时,尽量使设计基准和工艺基准重合,当两者不能做到统一时,应选择设计基准作为主要基准,工艺基准作为辅助基准,但主要基准和辅助基准之间必须有一个联系尺寸,如图 6-10 所示。

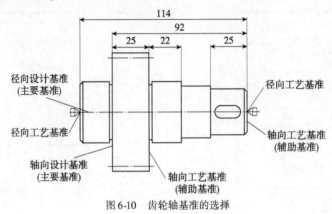

图 6-10 齿轮轴基准的选择

2)尺寸的标注形式

尺寸的标注形式有链状式、坐标式和综合式三种。

(1)链状式。

把同一个方向的各尺寸逐段连续标注,如图 6-11a)。链式尺寸的优点是能保证每一段尺寸的精度,每段尺寸不会影响其他尺寸。缺点是加工的尺寸误差积累在总体尺寸上,使总体尺寸不能保证。这种标注形式常用于标注孔组中心距的情况。

(2)坐标式。

把同一个方向的尺寸从同一基准出发标注,如图 6-11b)。坐标式尺寸的优点是各段尺寸的加工精度只影响其本身的误差,不影响总体尺寸的误差。缺点是某些尺寸段受两个尺寸的影响,如中间圆柱的轴向尺寸受 A、D 两个尺寸的影响,右端圆柱受 D、E 两个尺寸的影响。这种标注形式用于标注由一个基准确定的一组精确尺寸的情况。

(3)综合式。

综合式是链状式和坐标式相结合的尺寸标注形式,如图 6-11c)。这种标注形式最常见,它可以根据需要来标注尺寸,相对比较灵活。

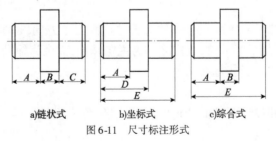

图 6-11 尺寸标注形式

3)合理标注尺寸的一些原则

(1)零件的主要尺寸应直接标注。

零件上影响零件工作性能的尺寸称为零件的主要尺寸,包括有配合要求的尺寸、确定各部分结构相对位置的尺寸等。在加工时,为了保证零件质量,图样中所标注的尺寸都必须保证其精度要求,不标注的尺寸不检测,因此在零件图上主要尺寸应直接标出。如图6-12所示。

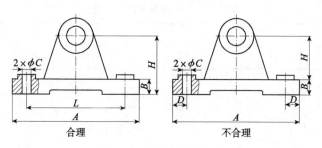

图6-12 主要尺寸直接注出

(2)尺寸标注应便于加工和测量。

零件的加工方法有车、铣、刨、磨、钻等,一个零件要制成成品,常常需要经过多种方法多道工序才能完成。在标注尺寸时,应按不同加工方法分类集中标注,便于加工时寻找;同一种加工方法按加工顺序标注尺寸,便于看图、测量,且易保证加工精度;标注尺寸时注意既要满足设计要求,又要便于测量。如图6-13、图6-14所示。

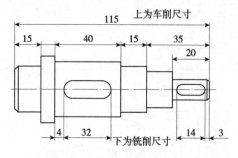

图6-13 按加工方法和顺序进行标注

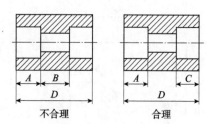

图6-14 尺寸标注要便于测量

(3)避免注成封闭尺寸链。

零件图上一组相关尺寸构成零件尺寸链,如图6-15b)所示,既标注了18、6、26三段尺寸,又标注了总体尺寸50,它们形成了一个封闭尺寸链。由于机械加工存在误差,不可能同时满足总体尺寸和各段尺寸,否则必须提高加工精度,使生产成本提高,甚至造成废品,因此在标注尺寸时,应将要求不高的一个尺寸空下来不注,如图6-15a)所示,这样将加工误差累积到这个尺寸上,以保证精度要求较高的尺寸26和50。若因某种需要,必须将其注出时,应加括号,称为参考尺寸,加工时不作检测,如图6-15c)所示。

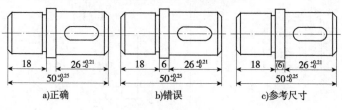

图6-15 尺寸链

(4)零件上常见结构要素的尺寸注法。

零件上常见结构要素的尺寸注法如表 6-1 所示,对于标准结构要素,其尺寸可查标准手册确定。

零件上常见结构要素的尺寸标注　　　　　　　表 6-1

零件结构类型		标注方法		说 明
		普通注法	旁注法	
光孔	一般孔	3×φ5，深10	3×φ5▽10	3 个直径为 φ5 的光孔,钻孔深 10
	精加工孔	3×φ5$^{+0.012}_{0}$，深10，钻孔深12	3×φ5▽10$^{+0.012}_{0}$ 钻孔▽12	光孔深为 12,精加工至 φ5$^{+0.012}_{-0}$,深度为 10
螺孔	通孔	3×M6	3×M6	3 个 M6 螺纹通孔
	不通孔	3×M6，深10	3×M6▽10	3 个 M6 螺孔,螺孔深度为 10
		3×M6，深10，钻孔深12	3×M6▽10 钻孔▽12	3 个 M6 螺孔,螺孔深度为 10,钻孔为 12

续上表

零件结构类型		标注方法		说明
		普通注法	旁注法	
沉孔	锥形沉孔			6个直径φ7的孔,大口直径φ13,沉孔锥顶角90°
	柱形沉孔			4个直径φ6的孔,柱形沉孔直径φ10,深3.5
	锪平孔			4个直径φ9的孔,锪平直径φ20,锪平深度一般不注,锪平到不出现毛面为止
倒角尺寸标注				45°倒角标注用C表示
				非45°倒角标注形式

续上表

零件结构类型	标注方法		说明
	普通注法	旁注法	
退刀槽尺寸标注	2×φ8(槽宽×直径) 2×1.5(槽宽×槽深)		一般退刀槽的尺寸按"槽宽×直径"或"槽宽×槽深"标注,目的是便于选择切槽刀具

三、零件图的技术要求

零件图中除了表达零件结构形状及大小的视图和尺寸标注外,还需注明零件在加工制造时应达到的一些技术要求。零件图上的技术要求主要有零件表面粗糙度、极限与配合、形状与位置公差、材料热处理、表面涂镀要求及其他特殊要求与说明,这里只重点介绍常用的表面粗糙度、极限与配合和形状与位置公差。

1. 表面粗糙度

1) 表面粗糙度的概念

被加工零件表面上具有的较小间距和峰谷所组成的微观几何形状特征,称为表面粗糙度,如图 6-16 所示。

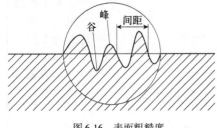

图 6-16 表面粗糙度

表面粗糙度是评定零件表面质量的一项重要技术指标,对零件的配合质量、耐磨性、抗腐蚀性、抗疲劳性及密封性和外观都有影响。因此应根据各表面的作用,合理选择表面粗糙度参数及其数值。

2) 表面粗糙度的评定参数

国家标准规定了评定表面粗糙度的主要参数包括轮廓算术平均值(R_a)、轮廓最大高度(R_z)和微观不平度十点高度(R_y)。其中,轮廓算术平均值 R_a 是目前生产中评定零件表面质量的主要参数。

轮廓算术平均值 R_a 是指在被测方向上的取样长度内,轮廓线上的各点到轮廓算术平均中线距离的绝对值的算术平均值,如图 6-17 所示。

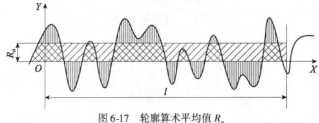

图 6-17 轮廓算术平均值 R_a

若轮廓线上各点到轮廓算术平均中线的距离为 y_1、y_2、$\cdots$、y_n，用公式表示为

$$R_a = \frac{|y_1| + |y_2| + \cdots + |y_n|}{n}$$

图中：

(1) 取样长度 l 是用于判别具有表面粗糙度特性的一段基准线的长度。表面越粗糙，取样长度就越长。

(2) 轮廓算术平均中线是指在取样长度 l 内，将轮廓分成上、下面积相等的两部分的基准线，如图 6-17 中的 OX 线。

国家标准规定的轮廓算术平均偏差 R_a 的数值如表 6-2 所示。

R_a 数值、加工方法及应用举例　　　　　　　　　　　　　表 6-2

$R_a(\mu m)$	表面特征	加工方法	应用举例
100	明显可见刀痕	粗车、粗铣、粗刨、钻孔等	一般很少使用
50	明显可见刀痕	粗车、粗铣、粗刨、钻孔等	不重要的接触面，没有注出公差要求的非配合表面，如钻孔表面、倒角、端面、键槽非工作表面、穿螺纹用的光孔、沉孔等
25	可见刀痕	粗车、粗铣、粗刨、钻孔等	不重要的接触面，没有注出公差要求的非配合表面，如钻孔表面、倒角、端面、键槽非工作表面、穿螺纹用的光孔、沉孔等
12.5	微见刀痕	粗车、粗铣、粗刨、钻孔等	不重要的接触面，没有注出公差要求的非配合表面，如钻孔表面、倒角、端面、键槽非工作表面、穿螺纹用的光孔、沉孔等
6.3	可见加工痕迹	精车、精刨、精铣、精镗、铰孔、刮研、粗磨等	较重要的接触表面和一般配合表面，如轴肩、键和键槽的工作表面、轴套及齿轮的端面、轴与齿轮、带轮的配合表面等
3.2	微见加工痕迹	精车、精刨、精铣、精镗、铰孔、刮研、粗磨等	较重要的接触表面和一般配合表面，如轴肩、键和键槽的工作表面、轴套及齿轮的端面、轴与齿轮、带轮的配合表面等
1.6	看不见加工痕迹	精车、精刨、精铣、精镗、铰孔、刮研、粗磨等	较重要的接触表面和一般配合表面，如轴肩、键和键槽的工作表面、轴套及齿轮的端面、轴与齿轮、带轮的配合表面等
0.8	可见加工痕迹的方向	精磨、精铰、抛光、研磨、金刚石车刀精车、精拉等	要求密合较高和相对运动速度较高的接触面和配合面，如导轨表面、圆锥销孔、齿轮工作面、与轴承配合的表面等
0.4	微辨加工痕迹的方向	精磨、精铰、抛光、研磨、金刚石车刀精车、精拉等	要求密合较高和相对运动速度较高的接触面和配合面，如导轨表面、圆锥销孔、齿轮工作面、与轴承配合的表面等
0.2	不可辨加工痕迹的方向	精磨、精铰、抛光、研磨、金刚石车刀精车、精拉等	要求密合较高和相对运动速度较高的接触面和配合面，如导轨表面、圆锥销孔、齿轮工作面、与轴承配合的表面等
0.1	暗光泽面	研磨、超精度镜面磨等	高精度、高速运动零件的配合表面、精密量具的工作表面，如气缸的内表面、高度滚动轴承的滚珠和滚柱表面、精密机床的主轴颈等
0.05	亮光泽面	研磨、超精度镜面磨等	高精度、高速运动零件的配合表面、精密量具的工作表面，如气缸的内表面、高度滚动轴承的滚珠和滚柱表面、精密机床的主轴颈等
0.025	镜状光泽面	研磨、超精度镜面磨等	高精度、高速运动零件的配合表面、精密量具的工作表面，如气缸的内表面、高度滚动轴承的滚珠和滚柱表面、精密机床的主轴颈等
0.012	雾状镜面	研磨、超精度镜面磨等	高精度、高速运动零件的配合表面、精密量具的工作表面，如气缸的内表面、高度滚动轴承的滚珠和滚柱表面、精密机床的主轴颈等

R_a 值越小，零件被加工表面越光滑，但加工成本会越高。因此，在满足零件使用要求的前提下，R_a 值应尽可能大，以降低成本。一般机械加工中常用的 R_a 值有 $25\mu m$、$12.5\mu m$、$6.3\mu m$、$3.2\mu m$、$1.6\mu m$、$0.8\mu m$ 等。表面粗糙度 R_a 数值与其相应的加工方法及应用举例，如表 6-2 所示。

3) 表面粗糙度的符号、代号及其标注方法

(1) 表面粗糙度的符号的画法及意义。

国标规定表面粗糙度符号的画法及各类符号的意义如表 6-3 所示。

（2）表面粗糙度的代号及意义。

在表面粗糙度符号中，按功能要求加注一项或几项有关规定的参数和说明后，称为表面粗糙度的代号。国家标准规定当在符号中标注一个参数值时，为该表面粗糙度的上限值；当标注两个参数值时，一个为上限值，另一个为下限值；当要表示最大允许值或最小允许值时，应在参数值后加注符号"max"或"min"，其他有关规定及其注写位置和各代号的具体含义见表6-3。

表面粗糙度符号画法及意义　　　　　　　　　表6-3

符号画法	代号注写
$d' = h/10$ $H_1 = 1.4h$ $H_2 > 2.8h$（取决于标注内容） 注：h 为字体高度	a——注写表面结构的单一要求（μm）； b——注写第二个表面结构要求； c——注写加工方法、表面处理、涂层或其他加工工艺要求等； d——加工纹理方向符号； e——加工余量（mm）。

符号及意义	代号示例及意义
基本符号，仅用于简化代号标注，没有补充说明时不能单独使用。如果基本图形符号与补充的辅助说明一起使用，则不需要进一步说明为了获得指定的表面是否应去除材料或不去除材料。	$\sqrt{R_a 3.2}$ 用去除材料方法获得的表面粗糙度，R_a 上限值为 3.2μm
扩展图形符号，表示表面是用去除材料的方法获得，如车、铣、刨、磨、钻等。	$\sqrt{\begin{array}{l}UR_a 3.2\\LR_a 1.6\end{array}}$ 用去除材料方法获得的表面粗糙度，R_a 的上限值为 3.2μm，R_a 的下限值为 1.6μm $\sqrt{R_z 3.2}$ 用去除材料方法获得的表面粗糙度，R_z 的上限值为 3.2μm
扩展图形符号，表示表面是用不去除材料的方法获得，如铸、锻、冲压、热轧、冷轧、粉末冶金等。	$\sqrt{R_a 3.2}$ 用不去除材料方法获得的表面粗糙度，R_a 上限值为 3.2μm
$\sqrt{}$	完整图形符号，允许任何工艺，在报告和合同的文本中用文字表达该符号时，使用 APA
$\sqrt{}$	完整图形符号，去除材料，在报告和合同的文本中用文字表达该符号时，使用 MRR

续上表

符 号 画 法	代 号 注 写
	完整图形符号,不去除材料,在报告和合同的文本中用文字表达该符号时,使用 NMR
	在完整图形符号上加一小圆,表示视图上构成封闭轮廓的所有表面具有相同的表面粗糙度要求

（3）表面粗糙度在图样中的标注方法。

国家标准规定了表面粗糙度的标注方法,主要规则有:在同一张同样上,每个表面一般只标注一次代号,并且要注在可见轮廓线、尺寸界线、尺寸线或其延长线上;符号尖端必须从材料外指向加工表面;代号中数字的方向与尺寸数字的方向要一致。具体注法及图例见表6-4。

表面粗糙度代号在图样中的标注方法　　　　　　　表6-4

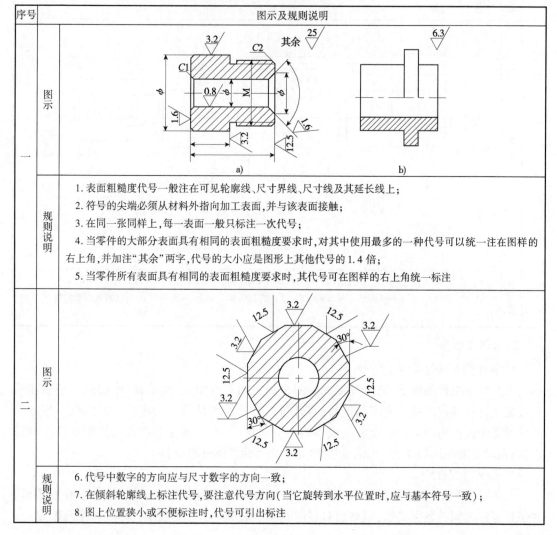

序号	图示及规则说明
一	图示：a) b)
	规则说明： 1. 表面粗糙度代号一般注在可见轮廓线、尺寸界线、尺寸线及其延长线上; 2. 符号的尖端必须从材料外指向加工表面,并与该表面接触; 3. 在同一张同样上,每一表面一般只标注一次代号; 4. 当零件的大部分表面具有相同的表面粗糙度要求时,对其中使用最多的一种代号可以统一注在图样的右上角,并加注"其余"两字,代号的大小应是图形上其他代号的1.4倍; 5. 当零件所有表面具有相同的表面粗糙度要求时,其代号可在图样的右上角统一标注
二	图示
	规则说明： 6. 代号中数字的方向应与尺寸数字的方向一致; 7. 在倾斜轮廓线上标注代号,要注意代号方向(当它旋转到水平位置时,应与基本符号一致); 8. 图上位置狭小或不便标注时,代号可引出标注

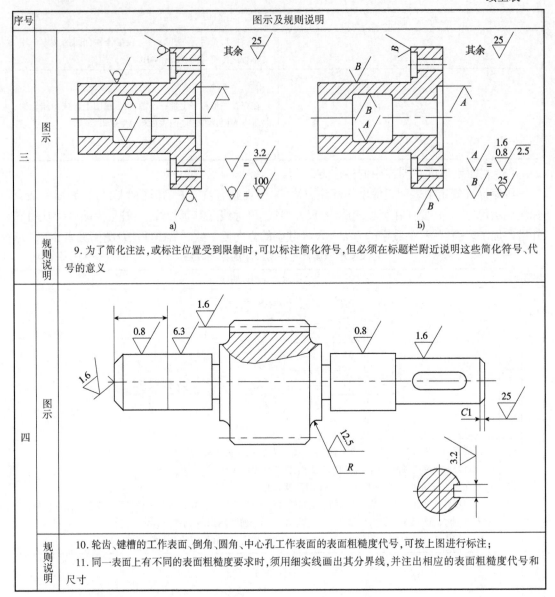

序号	图示及规则说明	
三	图示	(见图 a)、b))
	规则说明	9. 为了简化注法,或标注位置受到限制时,可以标注简化符号,但必须在标题栏附近说明这些简化符号、代号的意义
四	图示	(见图)
	规则说明	10. 轮齿、键槽的工作表面、倒角、圆角、中心孔工作表面的表面粗糙度代号,可按上图进行标注; 11. 同一表面上有不同的表面粗糙度要求时,须用细实线画出其分界线,并注出相应的表面粗糙度代号和尺寸

2. 极限与配合

1) 零件的互换性定义

在大批量生产条件下,要求在按同一图样加工的零件中,不经选择、修配或调整就能顺利装配成符合规定的技术要求的产品,零件所具有的这种性质称为零件的互换性。零件的互换性能保证产品质量的稳定和高效率的专业化生产,并能满足生产部门的相互协作的需求,方便设备的使用与维护。极限和配合是实现互换性的必要条件。

2) 极限与配合

在实际生产中,由于各种因素的影响,零件尺寸不可能绝对精确,为了满足互换性要求,并保证零件之间的装配关系,就必须对零件的尺寸限定一个变动范围,即为"极限与配合"。

3）极限相关术语及定义（图 6-18）

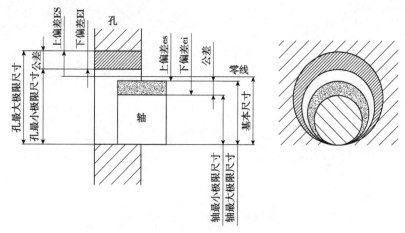

图 6-18　极限相关术语

(1) 基本尺寸。由设计图样确定的理想形状要素尺寸。应尽量选用标准直径或标准长度。

(2) 实际尺寸。通过测量获得的尺寸。

(3) 极限尺寸。允许实际尺寸变化的两个极限值。其中较大的一个尺寸称为最大极限尺寸，较小的一个尺寸称为最小极限尺寸。零件的实际尺寸在这两个尺寸之间即为合格。

(4) 尺寸偏差。某一尺寸（极限尺寸、实际尺寸）减去基本尺寸所得到的代数差，称为尺寸偏差。包含有上偏差、下偏差和基本偏差，其中上偏差和下偏差称为极限偏差。

$$上偏差 = 最大极限尺寸 - 基本尺寸$$
$$下偏差 = 最小极限尺寸 - 基本尺寸$$

国家标准规定：孔和轴的上偏差分别以 ES 和 es 表示；孔和轴的下偏差分别以 EI 和 ei 表示。尺寸偏差可以是正值、负值或零。

(5) 尺寸公差（简称公差）。允许尺寸的变动量。

公差 = 上极限尺寸 – 下极限尺寸 = 上极限偏差 – 下极限偏差。公差是一个正值。

(6) 零线。表示基本尺寸的一条直线。在公差带图中用来确定偏差的一条基准直线，即零偏差线。

(7) 尺寸公差带（简称公差带）。公差带是指由代表上、下偏差的两条直线所限定的区域，一般用公差带图来表示。公差带图为矩形方框，方框的上边是上偏差，下边是下偏差，左右长度可根据需要任意确定，如图 6-19 所示。公差带表示了公差的大小和相对于零线的位置两个要素，国家标准对这两个要素分别进行了标准化。

(8) 标准公差。国家标准规定用以确定公差带大小的公差，用 IT 表示。IT 后面的阿拉伯数字是标准公差等级。国标将其分为 20 级，从 IT01、IT0、IT1～IT18，其尺寸精度从 IT01～IT18 依次降低，标准公差数值可以查阅相关标准。

(9) 基本偏差。国家标准规定的用以确定公差带相对于零线位置的上偏差或下偏差。一般指靠近零线的那个极限偏差。孔和轴各有 28 个基本偏差，用拉丁字母及其顺序表示，如图 6-20 所示。

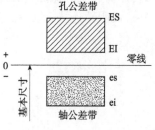

图 6-19　公差带图

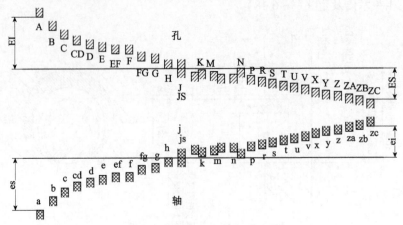

图 6-20 基本偏差系列示意图

由图可知：孔的基本偏差用大写字母表示，轴的基本偏差用小写字母表示；当公差带在零线上方时，基本偏差为下偏差，当公差带在零线下方时，基本偏差为上偏差；基本偏差系列图仅画出公差带的一端，表示公差带的位置，而公差带的另一端是开口的，表示公差带的大小取决于各级标准公差的大小。

（10）公差带代号。由基本偏差代号和公差等级代号组成。如：

ϕ60H8——表示基本偏差代号为 H，公差等级代号为 8 的孔的公差带代号。

ϕ60f7——表示基本偏差代号为 f，公差等级代号为 7 的轴的公差带代号。

若要计算孔和轴的另一端偏差，公式如下：

孔的另一端偏差（上偏差或下偏差）：ES = EI + IT，EI = ES − IT

轴的另一端偏差（上偏差或下偏差）：es = ei + IT，ei = es − IT

4）配合相关术语及定义

配合是指在机器或部件装配中，基本尺寸相同，相互结合的孔和轴（泛指一切的内外表面，包括非圆表面）的公差带之间的关系。表示了孔和轴结合时的松紧程度。国标规定配合分为三类：间隙配合、过盈配合和过渡配合。

（1）间隙配合。配合中，孔的尺寸减去相配合的轴的尺寸所得到的代数差是正值或零时，即为间隙。保证具有间隙（包括最小间隙为零）的配合称为间隙配合。间隙配合的两零件有相对运动，此时孔的公差带位于轴的公差带的上方。如图 6-21 所示。

（2）过盈配合。配合中，孔的尺寸减去相配合的轴的尺寸所得到的代数差是负值或零时，即为过盈。保证具有过盈（包括最小过盈为零）的配合称为过盈配合。过盈配合的两零件形成刚性连接，此时孔的公差带位于轴的公差带的下方，如图 6-22 所示。

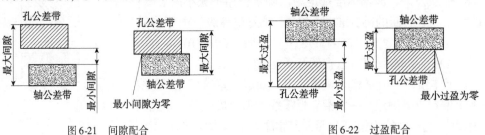

图 6-21　间隙配合　　　　　　　　　　图 6-22　过盈配合

(3)过渡配合。配合中,可能具有间隙或过盈的配合,称为过渡配合。此时孔的公差带和轴的公差带有部分或全部相互重叠,如图6-23所示。当轴和孔的对中性要求较高,不允许有相对运动,且又需要拆装的两零件,选用过渡配合。

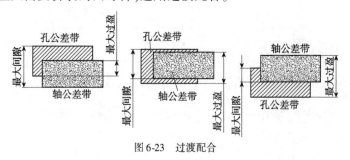

图6-23 过渡配合

(4)配合制。在制造相配合的零件时,如果孔和轴都可以任意变动,则情况就会很多,不便于零件的设计与制造。使其中一个零件的基本偏差固定,通过改变另一个零件的基本偏差而获得的具有不同性质配合的制度,称为配合制。国家标准规定了两种配合制,即基孔制和基轴制。

(5)基孔制配合。是指基本偏差为一定的孔的公差带与不同基本偏差的轴的公差带构成的各种配合的一种制度。基孔制配合中的孔称基准孔,其下偏差为零,基本偏差代号为"H"。

(6)基轴制配合。是指基本偏差为一定的轴的公差带与不同基本偏差的孔的公差带构成的各种配合的一种制度。基轴制配合中的轴为基准轴,其上偏差为零,基本偏差代号为"h"。

基孔制和基轴制配合都有三种配合类型,其公差带关系如图6-24所示。

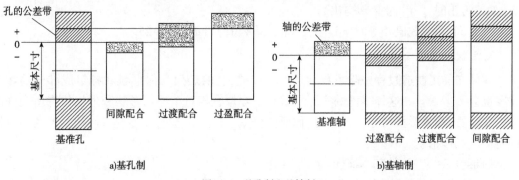

图6-24 基孔制和基轴制

5)极限与配合在图样中的标注

(1)在装配图中的标注。在装配图中标注的配合代号,是在基本尺寸的右边以分式的形式注出,如图6-25所示。分子是孔的公差带代号,分母是轴的公差带代号,标注格式如下:

$$基本尺寸\frac{孔的公差带代号}{轴的公差带代号} 或 基本尺寸\frac{孔的公差带代号}{轴的公差带代号}$$

(2)在零件图中的标注。在零件图中标注采用基本尺寸后跟所要求的公差带代号或对应的偏差数值表示。

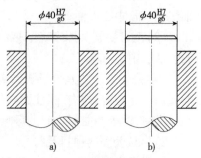

图6-25 装配图上配合代号注法

国标规定有三种标注形式：只注公差带代号，如图 6-26a)、d)所示(适用大批量生产)；只注极限偏差数值，如图 6-26b)、e)所示(适用单件或少量生产)；同时注写公差带代号和极限偏差数值(需将偏差数值用括号括起来)，如图 6-26c)、f)所示。

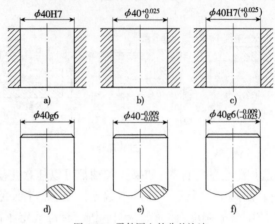

图 6-26　零件图上的公差注法

当标注极限偏差数值时的注法规则如下：

①极限偏差数值字高比基本尺寸字高小一号。上、下偏差数值以 mm 为单位，分别写在基本尺寸的右上、右下角。

②上、下偏差数值中的小数点要对齐，其后面的位数应该相同。

③上、下偏差数值中若有一个为零，仍应注出，并与另一个偏差小数点左面的个位数对齐(偏差为正时，"＋"号必须写出)。

④上、下偏差数值相等时，可填写一个偏差数值，如 $\phi60 \pm 0.25$。

3. 形状与位置公差

零件在加工制造过程中除了尺寸会产生误差，它的表面几何形状和各组成部分的相对位置也会产生误差。这种零件的实际形状和实际位置相对于理想形状和理想位置所允许的最大变动量，称为形状与位置公差，简称形位公差。这些误差也会影响零件的互换性和机器的寿命与工作精度。

1) 形位公差有关的基本概念

(1) 要素。构成零件几何特征的点、线、面统称为要素。

(2) 被测要素。被测零件上给出形状或位置公差的要素称为被测要素。一般有轮廓线、轴线、表面、中心平面等。

(3) 基准要素。用来确定被测要素方向或位置的理想要素称为基准要素。一般可为表面、直线、中心点等。

(4) 公差带。公差带指限制实际形状和位置要素相对理想要素变动的区域。公差带的形式通常有圆内、球内、圆柱面内的区域，两平行直线之间、两等距曲线之间的区域，两平行平面之间、两等距曲面之间的区域，两同心圆之间、两同轴圆柱面之间的区域等。

2) 形位公差的项目及符号

国标规定形位公差共分 14 项，其项目名称、符号及标注示例见表 6-5。

形位公差项目名称、符号及标注示例 表6-5

类　别	项目名称	符　号	标注示例及说明
形状公差	直线度	—	说明：(1)指引线与尺寸线对齐，表示被测圆柱面的轴线必须位于直径为公差值 φ0.04mm 的圆柱面内； (2)指引线与尺寸线错开，表示被测圆柱面的任一素线必须位于距离为公差值 0.04mm 的两平行平面内
形状公差	平面度	▱	说明：被测表面必须位于距离为公差值 0.04mm 的两平行平面内
形状公差	圆度	○	说明：在圆柱轴线方向上任一横截面的实际圆周必须位于半径差为公差值 0.04mm 的同心圆之间
形状公差	圆柱度	⌭	说明：被测圆柱面必须位于半径差为公差值 0.04mm 的两同轴圆柱面之间
形状或位置公差	线轮廓度	⌒	说明：在零件宽度方向，任一横截面上实际线上轮廓形状要素所允许误差为 0.01mm
形状或位置公差	面轮廓度	⌓	说明：被测表面的形状轮廓要素所允许误差为 0.01mm

续上表

类别	项目名称	符号	标注示例及说明
位置公差	平行度 (定向)	//	说明:被测面必须位于距离为公差值 0.01mm 且平行于基准平面 A 的两平行平面之间
	垂直度 (定向)	⊥	说明:(1)被测轴线必须位于直径为公差值 φ0.01 且垂直于基准平面 A 的圆柱面内; (2)被测面必须位于距离为公差值 0.01 且垂直于基准面 A 的两平行平面之间的区域
	倾斜度 (定向)	∠	说明:被测要素对基准在方向上位于距离为公差值 0.01mm 的两平行平面之间的区域
	位置度 (定位)	⊕	说明:被测要素对基准在位置上位于直径为公差值 φ0.3 的圆周内
	同轴度 (定位)	◎	说明:被测圆柱面中的轴线必须位于直径为公差值 φ0.03 且与公共基准线 A-B 同轴的圆柱面内
	对称度 (定位)	═	说明:被测要素对基准在位置上的所允许的误差为 0.01mm

续上表

类　别	项目名称	符　号	标注示例及说明
位置公差	跳动（圆跳动）	↗	说明:(1)被测要素绕基准轴线回转一周时所允许的最大跳动误差为 0.01mm(圆跳动);
	跳动（全跳动）	⤴	(2)被测要素绕基准轴线连续回转时所允许的最大跳动误差为 0.01mm(全跳动) (上图分别为圆跳动的径向跳动、端面跳动和全跳动的径跳)

3) 形位公差的标注

国标规定形位公差要在矩形方框中以代号的形式注出,该方框由两格或多格表示。框格用细实线画出,一般将框格水平或垂直放置。水平放置时,从左到右,第一格是形位公差项目符号,第二格是形位公差数值及有关符号,第三格及以后各格是基准要素字母代号。框格的高度是图样中字体高度的 2 倍,长度按需要确定,框格中的字母和数字高度与图样中的字体高度相同,如图 6-27 所示。形状公差是用来限定要素本身的误差,不需要其他要素做基准,所以标注形状公差的框格一般只有两格;位置公差是用来限定要素之间的误差,必须选定与被测要素在功能上有关联的某一要素作为基准,所以其公差框格一般有三格或三格以上。

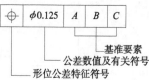

图 6-27　公差框格

公差框格通过带箭头的指引线与被测要素相连。指引线的箭头指向被测要素的公差带的宽度方向或直径方向。如果被测要素是表面或直线时,指引线的箭头应指向该要素的轮廓线或其延长线上,并与该要素的尺寸线错开。如果被测要素是轴线、球心或对称中心面时,指引线的箭头应与对应的尺寸线对齐,标注示例见表 6-5 所示。

基准要素的标注符号是由带小圆的大写字母(基准字母)用细实线与粗短画线(基准符号)相连组成。粗短画线的宽度约为粗实线的 2 倍,长度为 5～10mm,如图 6-28a)所示。当基准要素为表面或直线时,基准符号应靠近该要素的轮廓线或延长线标注,并与该要素的尺寸线错开,如图 6-28b)所示;当基准要素为轴线、中心平面和球心时,基准符号应与该要素的尺寸线对齐,如图 6-28c)所示。

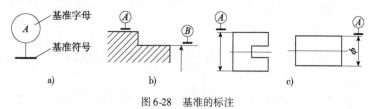

图 6-28　基准的标注

四、零件图的阅读

根据零件图的内容,了解零件的名称、材料和功能,想象零件各部分的结构形状、尺寸大小及相对位置、明确制造方法和技术要求,以指导零件的生产与制造。作为工程技术人员必须具有阅读零件图的能力。

以齿轮泵泵盖零件图(图6-29)为例阅读零件图。具体步骤如下所述。

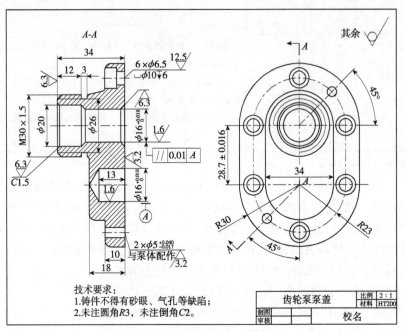

图6-29 齿轮泵泵盖零件图

1. 看标题栏,概括了解

首先从标题栏了解零件的名称、材料、数量及画图比例等,从图6-29可知,该零件为齿轮泵泵盖,属盘、盖类零件,材料为HT200,绘图比例2∶1,由图形的总体尺寸可估计这个零件的实际大小。

2. 分析视图

分析视图就是分析零件图样的表达方案,弄清零件各部分的结构形状。

一般看图时,先找出主视图,再相应确定其他视图,分析剖视、断面的剖切位置,斜视图的投影方向等,最后对照投影关系,想象出零件具体的结构形状。

图6-29是由采用旋转剖的全剖主视图和左视图组成,由图可知泵盖上均布6个$\phi 6.5$的沉孔和2个$\phi 5$的定位孔。

3. 分析尺寸

尺寸分析首先要了解零件有哪些定形尺寸和定位尺寸,再根据零件的结构特点,了解每个尺寸的标注形式和具体要求。

从图6-29主视图可知上部孔$\phi 16^{+0.018}_{0}$的轴线为高度方向主要尺寸基准,右端面为长度方向主要尺寸基准,由左视图知盘的前后对称中心线为宽度方向的主要尺寸基准。在高度和长度两个方向上各有一个辅助基准分别为下部 $\phi16^{+0.018}_{0}$ 的孔轴线和盘盖的左端面。高度方向定形尺寸有各孔槽的直径 $\phi6.5$、$\phi10$、$\phi20$、$\phi26$、$\phi16^{+0.018}_{0}$、$\phi5$;长度方向定形尺寸有各结构的长度如 34、12、3、10、18、13 等;宽度方向的定型尺寸有 $R30$、34 等。定位尺寸有 $R23$、45°、28.7±0.016 等。

4. 分析技术要求

根据图样中的符号和文字说明,分析零件各部分的表面粗糙度、尺寸公差、形位公差、材料表面处理等内容。

图 6-29 中 $\phi16^{+0.018}_{0}$ 的通孔和盲孔及二者的定位尺寸 28.7±0.016 有尺寸公差和位置公差要求。两 $\phi16^{+0.018}_{0}$ 的孔的内表面粗糙度要求较高为 $R_a1.6$,盖的右端面作为主要尺寸基准粗糙度要求为 $R_a3.2$,另有文字说明对铸件的要求等。

综合以上分析,进行归纳总结,即可想出零件的整体形状。

第二节 装配图基本知识

表达机器、部件、组件的结构形状、装配关系、工作原理和技术要求的图样,称为装配图。在产品的设计过程中,一般先绘制出装配图,然后再根据装配图拆画出零件图。装配图是产品装配、检验、使用、维修的重要技术资料。

一、装配图的内容

图 6-30 为发动机活塞连杆总成装配图,从图中可以看出装配图具体有下列几项内容。

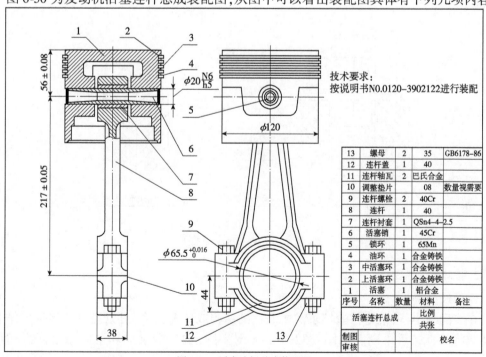

图 6-30 活塞连杆总成装配图

1. 一组图形

用于表达机器或部件的工作原理、零部件之间的相对位置、装配和连接关系。

2. 必要的尺寸

主要标注用于表达机器或部件的规格、装配、安装时所需要的尺寸。

3. 技术要求

用于表达机器或部件在装配、安装、调试、检验、维护和使用等方面应达到的技术指标。

4. 零件序号、明细表和标题栏

用以说明机器或部件所包含的零件的名称、代号、材料、数量及图样采用的比例等信息。

二、装配图的规定画法和特殊画法

前面章节介绍的各种视图的表达方法同样适用于装配图。由于装配图用于表达机器或部件工作原理及装配连接关系，所以国家标准对装配图还提出了规定画法和特殊画法。

1. 规定画法

（1）装配图中，相邻零件的接触面和配合面规定只画一条线，不接触和不配合的表面即使间隙很小，规定必须画两条线［图6-31a)］。

（2）剖视图中，相邻两个零件的剖面线倾斜方向应相反；相邻三个零件时，其中两个零件的剖面线倾斜方向可一致但间隔不等［图6-31b)］，或使剖面线相互错开；同一零件在各个视图中的剖面线必须方向相同，间隔相等。

（3）在装配图中，对于紧固件和轴、杆等实心零件，当剖切平面通过其轴线时，按不剖处理［图6-31a)］。

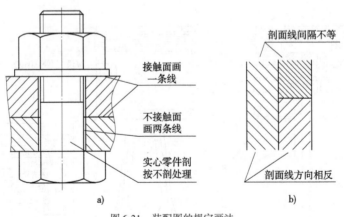

图6-31 装配图的规定画法

2. 特殊画法

1）拆卸画法

在装配图中，若某零件遮挡了需要表达的结构或装配关系，可以沿着该零件的结合面剖切或将其拆卸后绘制。如图6-32中 A-A 剖视图，就是沿泵盖和泵体结合面剖切后绘制的。

2)假想画法

为了表达机器或部件的安装方法及与相邻零件的装配关系,可以用双点画线将相邻零件的轮廓画出,如图6-32中的主视图。若机器或部件的某运动零件存在极限位置时,为了表达其运动极限,可用双点画线将其另一极限位置的轮廓绘出,如图6-33所示。

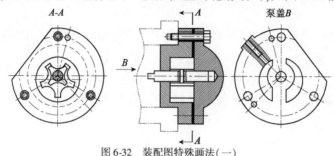

图6-32 装配图特殊画法(一)

3)夸大画法

装配图中的薄片零件、细小间隙等结构不能按比例要求画出时,可适当夸大绘制,以表达其结构形状,如图6-32中主视图的垫片。

4)单独表示

装配图中某个零件的结构形状对理解装配关系有重要影响,但结构未表达清楚时,可将该零件沿着某一方向的视图单独画出,如图6-32中泵盖的 B 向视图。

5)简化画法

(1)装配图中,若干相同的零件或零件组,允许只详细画出一处,其余的可用点画线表示其相对位置。

(2)在装配图中,零件的工艺结构如圆角、倒角、退刀槽、拔模斜度等可以省略不画。

(3)装配图中滚动轴承允许一半用规定画法绘制,其另一半及相同规格的剩余轴承用简化画法表示,如图6-34所示。

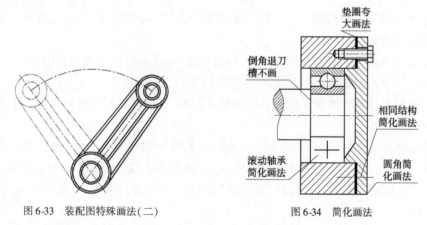

图6-33 装配图特殊画法(二)　　图6-34 简化画法

三、装配图的尺寸标注、技术要求和零部件的序号及明细栏

1. 装配图的尺寸标注

由于装配图主要用于表达机器或部件的工作原理和装配关系,所以装配图中只需标注

能够表达其性能、规格和装配关系等的一些必要尺寸。

1)性能尺寸

用于表示机器或部件性能或规格的尺寸,它是设计和选用产品的依据,如图 6-30 中尺寸 $\phi120$ 等。

2)装配尺寸

表明机器或部件内部零件之间的装配关系的尺寸,如配合尺寸、相对位置尺寸等,如图 6-30 中 $\phi20N6/h5$ 等。

3)安装尺寸

用于表达机器或部件安装在基础上或某工作位置时所需的尺寸,如图 6-30 中尺寸 $\phi65.5$。

4)总体尺寸

指机器或部件的总长、总宽和总高,供产品的包装、运输和安装时参考,以确定所需空间大小,如图 6-30 中总高为 $217+56+44=317$,总长和总宽均为 120。

5)其他重要尺寸

指设计时经过计算或查表确定,但未包括在上述尺寸中的一些重要尺寸。

需要指出的是,不一定每一张装配图都需要标注上述所有尺寸,有时同一尺寸可能具有多种作用,如尺寸 $\phi65.5$ 既是外形尺寸,又是安装尺寸,因此在实际中要根据具体情况进行分析,合理标注。

2. 装配图的技术要求

在装配图中,对机器或部件的性能、装配、检验、测试及使用维护等方面的技术要求,通常以文字或数字符号的形式加以说明,并注写在明细栏的上方或图纸的适当位置,必要时可另编技术文件。

3. 零部件的序号

为了方便读图,便于组织生产和管理,需对装配图中的零部件都进行编号。编号时需遵循以下国标规定:

(1)相同的零部件只编写一个序号,且只标注一次,其数量在明细栏中注明。

(2)图样中的零部件序号必须和明细栏中的序号一一对应。

(3)编写序号时要按水平或垂直方向整齐排列,并依顺时针或逆时针方向沿着图样的外围顺序排号。

(4)零部件的序号由指引线、水平线或圆以及数字组成。指引线、水平线或圆用细实线绘制,指引线应从所指零件的可见轮廓内引出,并在其末端画一圆点,当所指部分不宜画圆点时,在指引线的末端用箭头代替;表示序号的数字写在水平线的上方或圆内,字高比尺寸数字大一号。

(5)同一图样中,编号的形式应一致。

(6)指引线应尽量均匀布置,各指引线不允许相交,并应避免与图样中的轮廓线或剖面线等重合或平行。指引线可画成折线,但只可弯折一次。

(7)对于一组紧固件或装配关系清楚的零件组可采用公共指引线。序号画法如图 6-35 所示。

4. 明细栏

明细栏是机器或部件中全部零件的详细目录,应配置在标题栏的上方,并与标题栏对齐,自下而上排列;如果位置不够,可紧靠标题栏左方继续自下而上列表,并要配置表头;如果图样中零部件过多,在图中列不下时,也可另外用纸单独填写。

明细栏中内容一般有序号、代号、名称、数量、材料以及备注等项目。备注项中,可填写有关的工艺说明,也可注明该零部件的来源或一些必要的参数等,如图 6-36 所示。

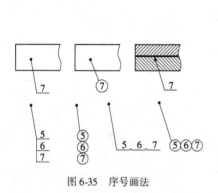

图 6-35 序号画法

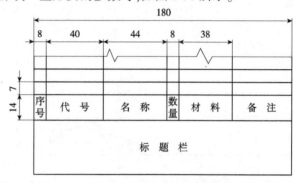

图 6-36 明细栏格式(尺寸单位:mm)

四、装配图的画法

在绘制装配图时,应用尽可能少的视图,完整、清晰地表达出机器或部件的工作原理和各零部件的装配关系。现以图 6-37 所示滑动轴承为例说明装配图的具体画法和步骤。

1. 分析机器或部件,了解其工作原理

在绘图之前,需对所画的机器或部件进行分析,大概了解其工作原理、传动路线和零部件间的装配关系。

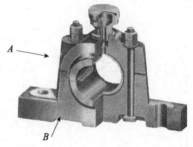

图 6-37 滑动轴承

2. 确定表达方案

表达方案的选择主要包括主视图的选择、视图数量的确定和表达方法。

1)主视图的选择

主视图一般应按机器或部件的工作位置放置,以清楚反映其工作原理、主要装配关系和装配主线。图 6-37 中滑动轴承的主视图按工作位置放置,投射方向有 A 向和 B 向两种选择,经比较选 B 向能更清楚地反映装配关系和轴承的结构特征,并便于布图。由于滑动轴承为对称结构,所以主视图采用半剖视图能更清楚地反映其内外结构。

2)其他视图

在主视图确定好后,围绕主视图没有表达清楚的一些主要结构和装配关系等进行其他视图的选择。对于滑动轴承,为了将主要零件的结构形式表达清楚,需增加俯视图和左视图,并均采用半剖视图的表达方法。

3. 画装配图

(1)布图、绘制图框、标题栏。根据确定的表达方案,在综合考虑标题栏、明细栏、技术要

求、尺寸标注和零件序号所需空间的基础上确定合适的图幅和绘图比例,并绘制图框和标题栏。

(2)绘制各视图的基准线。绘制各视图的主要轴线、装配干线、对称中心线和图形的定位基准线等,如图6-38a)所示。

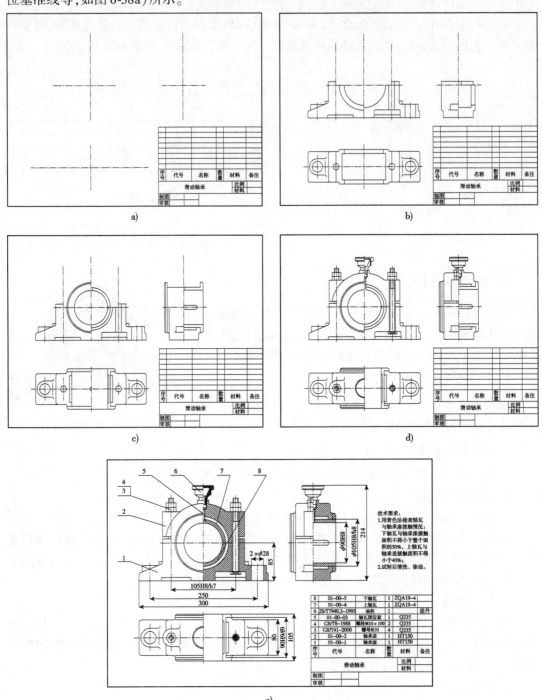

图6-38 滑动轴承装配图的画图步骤

(3)绘制主要零件的轮廓线。一般从主视图或最能反映零件结构形状的视图开始,几个视图联系起来画。

(4)绘制其他零件。部件中的零件一般都是按一定的装配关系分布在一条或几条装配干线上,绘图时可依据它们的装配和遮挡关系由里向外依次将各个零件表达出来。

滑动轴承采用由底座画起的方法,先画底座,再把下轴瓦、上轴瓦装上,最后装轴承盖,其步骤如图6-38b)、c)、d)所示。

(5)检查和描深。校核底稿,擦去多余线条,画剖面线,对图线进行加深。

(6)完成装配图。对图样进行尺寸标注、编写零部件序号、填写明细栏、标题栏和注写技术要求等,如图6-38e)所示。

五、读装配图和拆画零件图

装配图是产品装配、使用、安装和维修等生产过程中必需的重要技术资料,因此读装配图是工程技术人员必备的技术能力。通过阅读装配图可以了解机器或部件的名称、性能、用途和工作原理;明确各零件的装配连接关系和装配顺序及各零件的名称、数量、材料、功能及其主要结构形状等。图6-39为一空气过滤器装配图。

1. 阅读装配图

阅读装配图的具体步骤如下。

(1)概括了解。通过图样中的标题栏、明细栏和相关技术资料,了解机器或部件的名称、功能和工作原理等,对装配体的形状、尺寸、技术要求及所含零件的名称、数量、相互位置等有一个基本的感性认识。

由图6-39可知,空气过滤器是用于除去空气中的水分、灰尘和油污等杂质的一个部件,由9种零件组成。

(2)分析视图。在概括了解的基础上,分析部件的表达方案,弄清有哪些视图,各个视图的名称、投影关系、表达方法、表达重点等。由图6-39可知,空气过滤器装配图有四个视图,分别是全剖的主视图、对称结构简化画法的俯视图、用于表达件9的A向视图和表达件3的B-B局部剖视图。

(3)分析尺寸。分析装配图中的尺寸,弄清部件的规格、零件间的配合要求、外形大小及安装尺寸等。结合对视图的分析,深入了解部件的工作原理和各零件的装配连接关系和传动路线。

在空气过滤器装配图中的尺寸主要有总体尺寸156、$\phi70$,定位尺寸33,主要零件的定型尺寸$R14$、$\phi34$、$\phi70$,输入和输出口的性能尺寸和各零件螺纹连接的配合尺寸。结合视图表达可知其工作过程是空气从输入口进入过滤体(件9),经空心螺钉(件3)进入分离容器(件2),再经多孔陶瓷管(件6)过滤后从输出口输出;转动针型阀杆(件1)可将过滤的杂质从件2底部的小孔排除。其中件9和件2采用螺纹连接、件9和件3采用螺纹连接,件6通过件3和件4固定在件9和件3之间,中间有垫片。图6-40为空气过滤器的轴测分解图。

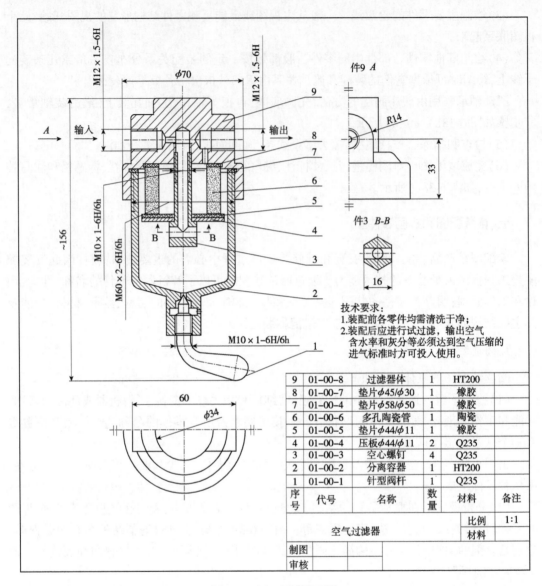

图6-39 空气过滤器装配图

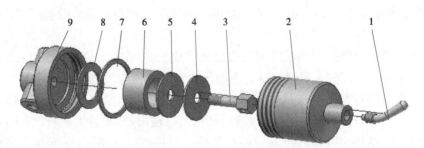

图6-40 空气过滤器的轴测分解图

1-针型阀杆;2-分离容器;3-空心螺钉;4-压板 φ44/φ11;5-垫片 φ44/φ11;6-复孔陶瓷管;7-垫片 φ58/φ50;8-垫片 φ45/φ30;9-过滤器体

(4)分析零件。在深入了解部件工作原理和装配关系等的基础上,进一步分析各零件的结构形状及作用。一般先从主要零件入手,再扩大到其他零件,明确各零件的基本结构形状。

在读图时可充分利用"三等关系"、剖面线的方向等制图规定来分清零件的大致范围,再对照各视图的投影关系,通过分析构思确定零件的结构形状。

(5)归纳总结。综合对视图、尺寸和零件结构的分析,对机器或部件的工作原理、装配关系和装配顺序等有更深的、全面的认识。

2. 由装配图拆画零件图

拆画零件图是在读懂装配图的前提下,按照零件图的要求,绘制零件图的过程,是设计中的一个重要环节。下面以图 6-39 中空气过滤器中过滤器体(件 9)为例说明拆画零件图的步骤。

(1)确定拆画对象。在对装配图分析的基础上,首先需要确定部件中的零件,哪些需要绘制零件图,哪些不需要。一般标准件和借用件不需要绘制零件图,一般零件才是拆画的重点。

(2)确定表达方案。对需要拆画的零件,需要分析其结构形状和加工方法等特点。具体分析零件时,首先看明细栏,根据序号找到该零件在装配图中的位置,再按照"同一零件在不同视图中剖面线的方向与间隔一致"的规定,并结合"三等关系",确定零件在各视图中的轮廓范围,将其从装配图中分离出来,进而确定该零件的主要结构形状。例如过滤器体在装配图中的轮廓范围如图 6-41 所示。

确定具体的表达方案,可参照零件图一节中所讲的内容。注意在拆画中,不能盲目照搬装配图中零件的表达方法(因为装配图的表达方案是从整体考虑的,不一定符合每个零件的视图选择要求)。

根据过滤器体的特点,主视图可以按装配图中位置选择,并采用全剖;为了唯一确定结构,还选择俯视图和左视图;为了便于标注尺寸,左视图采用了半剖,如图 6-42 所示。

(3)绘制图形并标注尺寸。确定好表达方案后,按零件的投影,补全在装配图中被遮挡的线条。在装配图中采用简化画法省略掉的倒角、圆角、退刀槽等结构,在零件图中均应画出。分析零件各部分尺寸并选择尺寸基准进行尺寸标注。过滤器体在高度方向的基准为其底面,长度和宽度方向的尺寸基准为其对称中心线。对在装配图中已标记的尺寸,按标注的尺寸和公差带代号直接标注在零件上,如图 6-42 中 M12×1.5-6H、M10×1-6H 和 M60×2-6H 等;与标准件或标准结构相关的尺寸查阅明细栏和相关标准在零件图中注出;其他装配图中没有标注的尺寸,可以在装配图中按比例量取并圆整后注出,如图 6-42 中 20、56 等,注意已标准化的数据要取标准值;与相邻零件的相关尺寸及连接部分的定位尺寸要注意协调一致。

(4)注写技术要求和填写标题栏。零件图中的技术要求直接影响零件的加工质量,如表面粗糙度等数值需根据表面的作用和要求进行确定,其他需要说明的技术要求可用文字在标题栏的上方或图纸的适当位置注写。最后按规定填写标题栏。图 6-42 为拆画的过滤器体零件图,图 6-43 为过滤器体三维图。

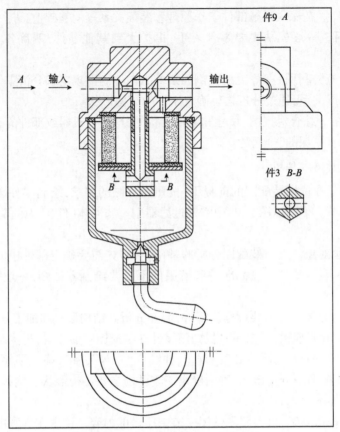

图 6-41 过滤器体在装配图中轮廓范围

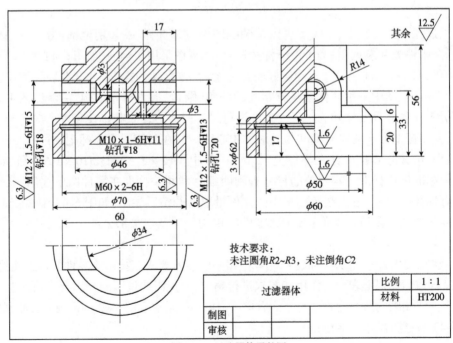

图 6-42 过滤器体零件图

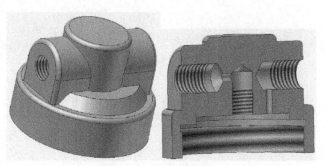

图 6-43 过滤器体三维图

 复习思考题

1. 零件图的内容和作用是什么?
2. 零件图的技术要求主要包括哪些?
3. 零件图尺寸标注原则有哪些?
4. 装配图的内容和作用是什么?
5. 装配图的特殊画法和简化画法有哪些?
6. 装配图中的尺寸主要包括哪些?
7. 简述拆画零件图的步骤。

第七章　计算机辅助设计

知识点

1. 计算机辅助设计的基本概念。
2. AutoCAD 主要功能及设计特点。
3. AutoCAD 的工作过程和系统的硬软件组成。
4. AutoCAD 2014 的基本功能和软件界面。
5. AutoCAD 2014 图形文件管理和命令使用。
6. 基本图形的绘制方法、编辑方法、图层设置方法和尺寸标注方法。

技能目标

1. 了解计算机辅助设计的基本概念及系统的硬软件组成。
2. 熟悉 AutoCAD 2014 的基本功能和软件界面。
3. 能进行 AutoCAD 2014 图形文件管理并掌握常用绘图命令的使用方法。
4. 会运用 AutoCAD 软件绘制简单的二维图形。

第一节　计算机辅助设计概述

一、计算机辅助设计基本概念及发展概况

计算机辅助设计(Computer Aided Design,简称 CAD)是利用计算机的计算功能和图形处理能力,辅助设计者进行产品设计、分析和修改的一种技术和方法。CAD 技术的应用提高了企业和科研院校等的设计效率,减轻了技术人员的劳动强度,并大大缩短了产品的设计周期。

自 20 世纪 50 年代在美国诞生第一台计算机绘图系统,开始出现了具有简单绘图输出功能的被动式的计算机辅助设计技术;60 年代初期出现了 CAD 的曲面片技术,中期推出商品化的计算机绘图设备;70 年代,完整的 CAD 系统开始形成,后期出现了能产生逼真图形的光栅扫描显示器,推出了手动游标、图形输入板等多种形式的图形输入设备,促进了 CAD 技术的发展。

随着强有力的超大规模集成电路制成的微处理器和存储器件的出现,工程工作站问世,CAD 技术于 20 世纪 80 年代初期开始在中小型企业逐步普及。80 年代中期以来,CAD 技术

向标准化、集成化、智能化方向发展。一些标准的图形接口软件和图形功能相继推出,为CAD技术的推广、软件的移植和数据共享起到了重要的促进作用;系统构造由过去的单一功能变成综合功能,出现了计算机辅助设计与辅助制造联成一体的计算机集成制造系统;固化技术、网络技术、多处理机和并行处理技术在CAD中的应用,极大地提高了CAD系统的性能;人工智能和专家系统技术引入CAD,出现了智能CAD技术,使CAD系统的问题求解能力大为增强,设计过程更趋自动化。

总体上,CAD技术发展的基本阶段、特点及应用情况如表7-1所示。

CAD技术发展的基本阶段、特点及应用　　　　表7-1

阶　段	时　间	特点及应用
孕育形成阶段	20世纪50年代	提出CAD设想,为CAD应用进行硬、软件准备
研制成长阶段	20世纪60年代	研制成功实验性CAD系统,其中:有代表性的是美国GM公司和IBM公司开发的汽车前窗玻璃线型设计DAC-1系统,美国贝尔电话实验室用于印刷电路设计的CAD系统
技术商品化阶段	20世纪70年代	CAD开始实用化,从二维的电路设计发展到三维的飞机、汽车、造船等设计,出现了许多开发CAD系统的公司,如CV、Calma、Intergraph、Applicon、IBM等
高速发展阶段	20世纪80年代	由于解决了三维几何造型、仿真等问题,应用范围不断扩大,大中型系统向微型化发展;出现了应用极广的微机CAD系统和性能优良的工作站CAD系统
全面普及阶段	20世纪90年代	随着CAD技术的发展,性能提高,价格降低,CAD开始在设计领域全面普及,成为必不可少的设计工具

随着科学技术的飞速发展,特别是计算机技术的飞速发展与应用,使CAD技术在软件方面的发展趋势将体现在以下几个方面。

1. 集成化

为适应设计与制造自动化的要求,特别是适应计算机集成制造系统(CIMS)的要求,进一步提高集成水平是CAD/CAM系统发展的一个重要方向。

2. 智能化

现有的CAD技术在机械设计中只能处理数值型的工作,包括计算、分析与绘图。然而在设计活动中存在另一类符号推理工作,包括方案构思与拟定、最佳方案选择、结构设计、评价、决策,以及参数选择等等。这些工作依赖于一定的知识模型,采用符号推理方法才能获得圆满解决。因此将人工智能技术,特别是专家系统的技术,与传统CAD技术结合起来,形成智能化CAD系统是CAD技术发展的必然趋势。

3. 标准化

随着CAD技术的发展,工业标准化问题越来越显示出它的重要性。迄今已制定了不少的标准,例如:面向图形设备的标准CGI,面向用户的图形标准GKS,面向不同CAD系统的数据交换标准STEP等。

随着技术进步,新标准还会出现,基于这些标准推出的有关软件是一批宝贵的资源,用户的应用开发常常离不开它们。更为重要的是有些标准还指明了 CAD 技术进一步发展的道路,例如 STEP 既是标准,又是方法学,由此构成了 STEP 技术,它深刻地影响着产品建模、数据管理及外部接口等。

4. 可视化

随着计算机软硬件水平的提高,可以逐步为设计者提供更加逼真的设计环境,更利于将概念设计转换到几何模型。可视化是指运用计算机图形学和图像处理技术,将设计过程中产生的数据及计算结果转换为图形或图像在屏幕上显示出来,并进行交互处理的理论、方法和技术,它使往日冗繁、枯燥的数据变成生动、直观的图形或图像,容易发挥人们的创造力。

5. 网络化

计算机网络可以通过通信线路将各自独立的、分布于各处的多台计算机相互连接起来,这些计算机彼此可以通信,从而能有效地共享资源并协同工作。在 CAD 应用中,网络技术的发展,大大地增强了 CAD 系统的能力,而没有网络的计算机简直是不可想象的,更不用谈集成化。

二、CAD 基本工作过程和系统结构组成

1. CAD 基本工作过程

利用计算机进行产品的辅助设计,基本工作流程如图 7-1 所示,具体各工作过程的要点如下:

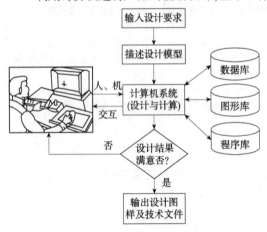

图 7-1 计算机辅助设计工作过程

(1) 概念设计。首先根据功能参数进行产品的总体设计,这是在人机交互下完成的。设计人员必须富有创造性地确定产品的性能、结构和外观形态。计算机可从已有的设计中搜索各种信息,供设计人员参考,并迅速形成产品的造型及外观图形。

(2) 零部件几何造型。从产品结构总图分离零件图,并分别对零件进行造型、结构尺寸、色彩等设计。

(3) 工程分析。进行运动学分析、动力分析。例如,有限元分析、功能仿真、优化设计等,以分析零部件的运动形态、受力和变形等情况。

(4) 设计评价。在工程分析的基础上对设计进行全面评价、优化以达到总体设计最优。

(5) 自动绘图。形成零件图、装配图及设计的各种信息文件。

2. CAD 系统结构组成

一个完整的 CAD 系统是由 CAD 系统的硬件和软件两个方面所组成,CAD 系统功能的实现,是由硬件和软件协调作用的结果。

1) CAD 系统的硬件

CAD 系统的硬件是指计算机系统中的全部可以感触到的物理装置,如图 7-2 所示。CAD 系统所用的硬件一般包括:计算机主机及外围设备、图形输入设备、绘图输出设备、图形

显示设备。

(1)计算机主机及外围设备。

计算机主机及外围设备是 CAD 系统硬件的重要组成部分。它包括:计算机主机、外存储器和计算机网络三部分。

计算机主机是整个计算机系统的核心,它由两部分组成:中央处理器(CPU)和主存储器(或称内存)。其中中央处理器(CPU)包括控制器和运算器,控制器指挥和协调整个计算机的工作,包括负责解释指令、控制指令的执行顺序、访问存储器等;运算器:负责执行指令所规定的算术和逻辑运算。主存储器用来存放指令和数据,它一般包括 ROM 和 RAM 两部分。

外存储器与内存的区别在于它是设置在计算机主机之外。与内存相比,其容量大,但存取速度慢。当需使用外存信息时,由操作系统根据命令调入内存。外存储器常见种类有:磁带机、磁盘机、移动硬盘和光盘等。

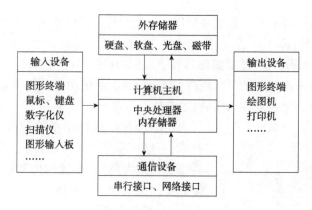

图 7-2　CAD 系统的硬件

(2)图形输入设备。

计算机及外存储器是通过输入、输出设备与外界来沟通信息的。所谓输入,就是把外界的信息变成计算机能够识别的电子脉冲,即由外围设备将数据送到计算机内存中。所谓输出,就是将输入过程反过来,将计算机内部编码的电子脉冲翻译成人们能够识别的字符或图形,即从计算机的内部将数据传送到外围设备。能够实现输入操作的装置就被称作输入设备,CAD 系统所使用的输入设备主要包括:键盘、光笔、图形输入板、数字化仪、鼠标器、扫描仪、声音输入装置等。

(3)绘图输出设备。

能够实现输出操作的装置便称作输出设备,CAD 系统所使用的输出设备主要包括:打印机、绘图机等。

打印机:能打印字符文件,又能打印图形,是最廉价的输出设备。

绘图机:现有滚筒式、平台式、平面电机型等绘图机。滚筒式绘图机如图 7-3 所示,这种绘图机结构简单、占地面积小、价格较低,但速度低、精度较差,广泛用在机械与土建等行业。

(4)图形显示设备。

图形显示器,它像一个窗口,使设计者能及时了解人机间的信息交互情况。图形显示器不但能显示字符信息,而且能随时显示所设计的图形,并能让用户对这些图形进行增、删、改、移动等交互操作,因此它不单纯是被动地显示图形,而且是一种交互式的图形显示。

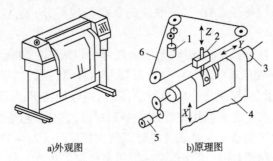

a)外观图　　　　　　b)原理图

图 7-3　滚筒式绘图机

1-Y 向步进电机;2-笔架;3-滚筒;4-纸;5-X 向步进电机;6-钢丝绳

目前,计算机图形显示器一般都是采用阴极射线管(CRT)作为显示设备。

2)CAD 系统的软件

完整的 CAD 系统除了配置所需硬件设备,还需配置相应的软件。CAD 系统功能的实现,是硬件和软件协调作用的结果。硬件是实现 CAD 系统功能的物质基础,然而如果没有软件的支持,硬件也是无法发挥作用的,二者缺一不可。

CAD 系统的软件是指管理及运用计算机的全部技术,一般用程序或指令来表示。通常 CAD 系统的软件可分为两大类,即系统软件和应用软件。系统软件及其层次关系如图 7-4 所示。

(1)系统软件。

系统软件主要用于计算机管理、维护、控制及运行,以及计算机程序的翻译和执行,它也是应用软件工作的基础。

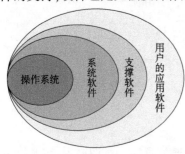

图 7-4　CAD 系统的软件及其层次关系

系统软件主要分为以下几类:

①操作系统。主要功能是管理文件及各种输出、输入设备,计算机上常用操作系统有 MS-DOS、Windows 及 Unix 等。

②程序设计语言和语言编译系统汇编语言,Basic,Fortran,C 语言及 C＋＋等。

③窗口系统。如 Apple 公司的 Macintosh、Microsoft 公司的 Windows 等。

④网络通信及管理软件。

⑤数据库及数据库管理软件。如 FoxBASE、ORACLE 等。

(2)应用软件。

应用软件是在系统软件的支持下,为实现某个应用领域的特定任务而编写的软件。由于 CAD 应用软件的范围非常广泛,故将应用软件又分为 CAD 支撑软件和用户自己开发的应用软件两种。

CAD 支撑软件从功能上可分成如下三类:解决几何图形设计问题;解决工程分析与计算问题;解决文档写作与生成问题。

目前，常用的商品化支撑软件有以下几类：
①基本图形资源软件。
②二、三维绘图软件。
③几何造型软件。
④工程分析及计算软件。
⑤文档制作软件。

第二节　AutoCAD 2014 应用基础

虽然当前的计算机辅助设计软件多种多样，然而就软件架构组成及功能设计上基本上是相近的。为此，本节选用目前应用最为广泛的 Autodesk 公司的 AutoCAD 软件作为学习计算机辅助设计(CAD)的入门软件。以 AutoCAD 2014 为平台，主要介绍 AutoCAD 的常用功能和命令应用，使学生对该软件有一个初步的了解，从而体会 CAD 的优势以及信息时代的思维方式和处理方法。

一、AutoCAD 的基本功能及软件界面组成

目前，Autodesk 公司的 CAD 软件最新版本为 AutoCAD 2014。该版本除了保留空间管理、图层管理、选项板的使用、图形管理、块的使用、外部参照文件的使用、低版本的兼容等优点外，还增加了很多更为人性化的设计，如在绘图区中新增了文件选项栏，命令行的增强、图层管理功能的加强，以及支持 Windows8 系统的触屏操作等。

1. *基本功能*

AutoCAD 自 1982 年问世以来，已经进行了 10 余次升级，功能日趋完善，就计算机辅助设计而言，该软件系统的基本功能主要包括四个部分，即绘制与编辑图形、标注图形尺寸、渲染三维图形、输出与打印图形。

1)绘制与编辑图形

AutoCAD 的"绘图"菜单中包含有丰富的绘图命令，也可将绘制的图形转换为面域，对其进行填充，在此基础上可绘制各种各样的二维图形。同时，还可以对二维图形进行编辑修改。

对于一些二维图形，通过拉伸、设置高程和厚度等操作就可以轻松地转换为三维图形；同样再结合"修改"菜单中的相关命令，还可以绘制出各种各样的复杂三维图形。

2)标注图形尺寸

尺寸标注是向图形中添加测量注释的过程，是整个绘图过程中不可缺少的一步。标注显示了对象的测量值，对象之间的距离、角度，或者特征与指定原点的距离。标注的对象可以是二维图形或三维图形。

3)渲染三维图形

在 AutoCAD 中，可以运用雾化、光源和材质，将模型渲染为具有真实感的图像。渲染伊始应对材质、贴图等进行设置，并将其应用到实体对象中后，可通过渲染察看即将设计的产品的真实效果。渲染是运用几何图形、光源和材质将三维实体渲染为最具真实感的图像。

4)输出与打印图形

AutoCAD 不仅允许将所绘图形以不同样式通过绘图仪或打印机输出,还能够将不同格式的图形导入 AutoCAD 或将 AutoCAD 图形以其他格式输出。因此,当图形绘制完成之后可以使用多种方法将其输出。例如,可以将图形打印在图纸上,或创建成文件以供其他应用程序使用。

2. AutoCAD 2014 软件界面组成

中文版的 AutoCAD 2014 界面主要由标题栏、菜单栏、功能区、绘图窗口、文本窗口与命令行、状态行等元素组成,如图 7-5 所示。

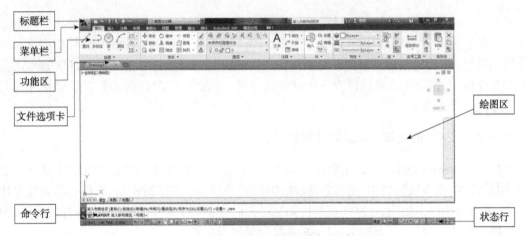

图 7-5　AutoCAD 2014 界面

1)标题栏

标题栏位于应用程序窗口的最上面,用于显示当前正在运行的程序名及文件名等信息。它由"菜单浏览器"按钮、工作空间、快速访问工具栏、当前图形标题、搜索栏、Autodesk Online 服务以及窗口控制按钮组成。将鼠标光标移动到标题栏上,右击鼠标或按"Alt + 空格"键,将弹出窗口控制菜单,从中可执行窗口的最大化、还原、最小化、移动、关闭等操作,如图 7-6 所示。

图 7-6　标题栏和窗口控制菜单

2)菜单栏

在"AutoCAD 经典"工作空间下会显示如图 7-7 所示的菜单栏,其中包括由"文件"、"编辑"、"视图"等 12 个主菜单,几乎包括了 AutoCAD 中全部的功能和命令,如图 7-7 所示。

图 7-7　菜单栏

3) 功能区

在 AutoCAD 2014 中,功能区包含功能区选项卡、功能区面板和功能区按钮,其中功能区按钮是代替命令的简便工具,利用它们可以完成绘图过程中的大部分操作,而且使用工具进行操作的效率比使用菜单要高得多。使用功能区时无须显示多个工具栏,它通过单一紧凑的工作界面使应用程序变得简洁有序、使绘图窗口变得更大。

在功能区中单击选项卡标签右侧的"最小化为面板"按钮,可以设置不同的最小化选项,如图7-8 所示。

图7-8　功能区

4) 绘图窗口

在 AutoCAD 中,绘图窗口是用户绘图的工作区域,所有的绘图结果都反映在这个窗口中,如图7-5 所示。可以单击窗口右边与下边滚动条上的箭头,或拖动滚动条上的滑块来移动图纸。

在绘图窗口中除了显示当前的绘图结果外,还显示了当前使用的坐标系类型以及坐标原点、X 轴、Y 轴、Z 轴的方向等。默认情况下,坐标系为世界坐标系(WCS)。

绘图窗口的下方有"模型"和"布局"选项卡,单击其标签可以在模型空间或图纸空间之间来回切换。

5) 命令行与文本窗口

"命令行"窗口位于绘图窗口的底部,如图7-5 所示,用于接收用户输入的命令,并显示 AutoCAD 提示信息。在 AutoCAD 2014 中,"命令行"窗口可以拖放为浮动窗口。

"AutoCAD 文本窗口"是记录 AutoCAD 命令的窗口。在 AutoCAD 2014 中,可以选择"视图"→"显示"→"文本窗口"命令、执行 TEXTSCR 命令或按 F2 键来打开 AutoCAD 文本窗口。

6) 状态行

状态行用来显示 AutoCAD 当前的绘图状态,如当前光标的坐标、命令和按钮的说明等,见图7-5。

在绘图窗口中移动光标时,状态行的"坐标"区将动态地显示当前坐标值。坐标显示取决于所选择的模式和程序中运行的命令,共有"相对"、"绝对"和"无"三种模式。

状态行中还包括推断约束、捕捉模式、栅格显示、正交模式、极轴追踪、对象捕捉、对象捕捉追踪、注释监视器、线宽和模型等既有绘图辅助功能的控制按钮。

二、图形文件管理

在 AutoCAD 2014 中,图形文件管理包括创建新的图形文件、打开已有的图形文件、关闭图形文件以及保存图形文件等操作。

1. 创建新的图形文件

在 AutoCAD 2014 快捷工具栏中单击"新建"按钮,或单击"菜单浏览器"按钮,在弹出的菜单中选择"新建"→"图形"命令,可以创建新的图形文件,此时将打开"选择样板"对话框,如图7-9所示。

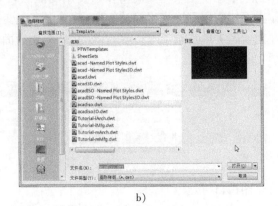

图7-9 选择样板

2. 打开已有图形文件

在快捷工具栏中单击"打开"按钮,或单击"菜单浏览器"按钮,在弹出的菜单中选择"打开"→"图形"命令,可以打开已有的图形文件,此时将打开"选择文件"对话框,如图7-10所示。

在AutoCAD 2014中,可以以"打开"、"以只读方式打开"、"局部打开"和"以只读方式局部打开"四种方式打开图形文件。默认情况下,打开的图形文件的格式为 *·dwg。

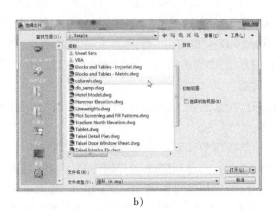

图7-10 打开已有图形文件

3. 保存图形文件

在AutoCAD 2014中,可以使用多种方式将所绘图形以文件形式存入磁盘。例如,在快速访问工具栏中单击"保存"按钮,或单击"菜单浏览器"按钮,在弹出的菜单中选择"保存"命令,以当前使用的文件名保存图形;也可以单击"菜单浏览器"按钮,在弹出的菜单中选择"另存为"→"AutoCAD图形"命令,将当前图形以新的名称保存,如图7-11所示。

在第一次保存创建的图形时,系统将打开"图形另存为"对话框。默认情况下,文件以"AutoCAD 2014 图形(﹡·dwg)"格式保存,也可以在"文件类型"下拉列表框中选择其他格式,如 AutoCAD2000/LT2000 图形(﹡·dwg)、AutoCAD 图形标准(﹡·dws)等格式。

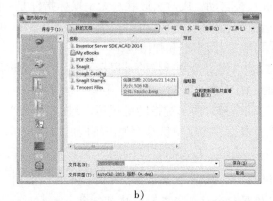

a)　　　　　　　　　　　　　　　　b)

图 7-11　保存图形文件

4. 关闭图形文件

单击"菜单浏览器"按钮,在弹出的菜单中选择"关闭"→"当前图形"命令,如图 7-12 所示,或在绘图窗口中单击"关闭"按钮,可以关闭当前图形文件。

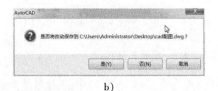

a)　　　　　　　　　　　　　　　　b)

图 7-12　关闭图形文件

如果当前图形没有存盘,系统将弹出 AutoCAD 警告对话框,询问是否保存文件。此时,单击"是(Y)"按钮或直接按 Enter 键,可以保存当前图形文件并将其关闭;单击"否(N)"按钮,可以关闭当前图形文件但不存盘;单击"取消"按钮,取消关闭当前图形文件操作,即不保存也不关闭。

三、命令的执行方式

在 AutoCAD 中,菜单命令、工具按钮、命令和系统变量是相互对应的。可以通过选择某个菜单命令，单击某个工具按钮，或者在命令行中输入命令或系统变量来执行相应命令。可以说命令和系统变量是 AutoCAD 绘制和编辑图形的核心。

1. 使用鼠标操作执行命令

在绘图区中，鼠标指针通常显示为"十"字形状。当鼠标指针移到菜单选项、工具栏或对话框内时，会自动变成箭头形状。无论鼠标指针是"十"字形状，还是箭头形状，当单击鼠标时，都会执行相应的命令或动作。在 AutoCAD 2014 中文版中，鼠标键有以下三种规则定义，分别是拾取键、回车键和弹出键。

（1）拾取键。拾取键指的是鼠标左键，用于指定屏幕上的点，也被用于选择 Windows 对象、AutoCAD 对象、工具栏按钮和菜单命令等。

（2）回车键。回车键指的是鼠标右键，相当于"Enter"键，用于结束当前使用的命令，此时系统会根据当前绘图状态而弹出不同的快捷菜单。

（3）弹出键。按"Shift"键的同时单击鼠标右键，系统将会弹出一个快捷菜单，用于设置捕捉点的方法。对于三键鼠标，弹出键相当于鼠标的中间键。

2. 使用命令行和文本窗口执行命令

在 AutoCAD 2014 中文版中，默认情况下命令行是一个可固定的窗口，用户可以在当前命令提示下输入命令、对象参数等内容。对大多数命令而言，命令行可以显示执行完的两条命令提示（也叫历史命令），而对于一些输入命令，如 TIME、LIST 命令，则需要放大命令行或用 AutoCAD 2014 中文版文本窗口才可以显示。

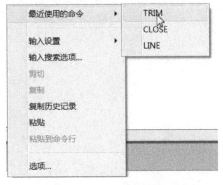

图 7-13　命令行右键快捷菜单

在命令行窗口中单击鼠标右键，将会弹出如图 7-13 所示的快捷菜单，通过该快捷菜单，用户可以选择最近使用过的 6 个命令、复制选择的文字或全部历史命令、粘贴文字，以及弹出"选项"对话框。

在命令行中还可以通过按"BackSpace"或"Delete"键，删除命令行中的文字；也可以选择历史命令，然后执行"粘贴到命令行"命令，将其粘贴到命令行中。

AutoCAD 2014 中文版文本窗口是一个浮动窗口，可以在其中输入命令或查看命令提示信息，以便查看执行的历史命令。文本窗口中的内容是只读的，因此不能对其进行修改，但可以将它们复制并粘贴到命令行，以重复前面的操作或应用到其他应用程序中（如 Word）。

默认情况下，文本窗口处于关闭状态，单击"视图"→"显示"→"文本窗口"命令，或按 F2 键，可以显示或隐藏文本窗口。在该窗口中，用户既可以使用"编辑"菜单中的命令，又可以选择最近使用过的命令、复制选定的文字等，如下图 7-14 所示。

在文本窗口中，可以查看当前图形的全部历史命令。如果要浏览命令文字，可以拖动窗口滚动条或按命令窗口浏览键，如"Home"键、"Page Up"键、"Page Down"键等。如果要复制文本到命令行，可以在文本窗口中单击"编辑"→"粘贴到命令行中"命令，也可以单击鼠标右键，在弹出的快捷菜单中选择"粘贴到命令行"选项，即可将复制的内容粘贴到命令行中。

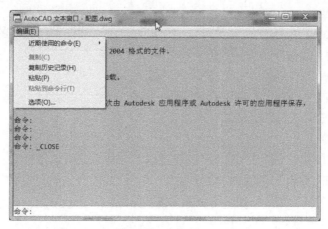

图 7-14　文本窗口

3. 使用键盘执行命令

在 AutoCAD 2014 中文版中,大部分绘图、编辑功能都需要通过键盘输入来完成。用户可以通过键盘键入命令和系统变量。此外,通过键盘还可以输入文本对象、数值参数、点的坐标,或进行参数的选择等。

4. 使用透明命令

在 AutoCAD 2014 中文版中,透明命令指的是在执行其他命令过程中可以执行的命令。常用的透明命令多为修改图形设置的命令和绘制辅助工具的命令,如 SNAP、GRID、ZOOM 命令等。

如果要以透明的方式使用命令,应在输入命令之前输入单引号" ' "。在命令行中,透明命令的提示前有一个双折号" > > "。完成透明命令后,将执行原命令。如在绘制圆时,需要缩放视图,应在命令行中输入 ZOOM 命令并按回车键。

5. "重复"、"撤销"、"重做"与"终止"命令

在 AutoCAD 2014 中文版中,用户可方便地重复执行同一命令,或撤销前面执行的一个或多个命令。此外,撤销前面执行的命令后,还可以通过重做来恢复前面撤销的命令。

1)"重复"命令

可以执行同一个命令,是 AutoCAD 2014 中文版与其他软件不同的特点之一。在 Auto-CAD 2014 中文版中,用户可以通过以下三种方法重复执行命令。

(1) 如果要重复执行上一条命令,可以直接按回车键或空格键;或者在绘图区中单击鼠标右键,在弹出的快捷菜单中选择"重复"选项。

(2) 如果要重复执行最近使用的 6 个命令中的某一个,可以在命令行或文本窗口中单击鼠标右键,在弹出的快捷菜单中选择"近期使用的命令"菜单下面的子命令,即最近使用的某个命令。

(3) 如果要多次重复执行同一命令,可以在命令行中输入"MULTIPLE"命令并按回车键,在命令提示"输入要重复的命令名:"后输入需要重复执行的命令名并按回车键,系统将重复执行该命令,直到用户按"Esc"键为止。

2)"撤销"命令

在 AutoCAD 2014 中文版中,用户可以通过以下三种方法撤销已执行的命令。

(1)菜单:单击"编辑"→"放弃"命令。

(2)命令:在命令行中输入"UNDO"命令并按回车键。

(3)工具栏:单击"标准"工具栏中的"撤销"按钮。

(4)快捷键:按"Ctrl + Z"组合键。

3)"重做"命令

在 AutoCAD 2014 中文版中,用户可以通过以下三种方法重做撤销的一个操作。

(1)菜单:单击"编辑"→"重做"命令。

(2)命令:在命令行中输入 REDO 命令并按回车键。

(3)工具栏:单击"标准"工具栏中的"重做"按钮。

4)"终止"命令

在 AutoCAD 2014 中文版中,用户可以随时按"Esc"键来终止当前执行的命令;在 AutoCAD 早期的版本中,可以按"Ctrl + C"组合键来终止命令的执行。

6. 设置系统变量

一般情况下,无需对 AutoCAD 的系统变量值作修改和设置,取其缺省值就能正常工作。但在有特殊要求时,就必须修改相关的系统变量。如果我们能熟练地掌握一些常用系统变量的使用方法和功能,就能使我们的工作更为便利、顺畅,大大地提高我们的绘图水平和工作效率。该内容这里省略不介绍。

第三节　AutoCAD 2014 绘制基本二维图形

一、基本图形的绘制

绘图是 AutoCAD 的主要功能,也是最基本的功能。复杂的图形都是由无数个基本图形组成,而基本图形创建起来也相对容易,只有熟练地掌握基本图形的绘制方法和技巧,才能够更好地绘制出复杂的图形。

在 AutoCAD 2014 界面里,提供了多种方法来实现相同的绘图功能。可以使用"绘图"菜单、"绘图"工具栏、"屏幕菜单"和绘图命令 4 种方法来绘制基本图形对象,如图 7-15 是绘图菜单和绘图工具栏。

1. 点的绘制

点是构成图形的基础。在 AutoCAD 2014 中,点的主要作用是表示节点或参考点。点可以分为单个点和多个点,在绘制之前需要设置点的样式。通过"格式"→"点样式"菜单命令(图 7-16),打开"点样式"对话框(图 7-17)。

设置点样式后,执行"绘图"→"点"→"单点"命令,通过在绘图区中单击鼠标左键或输入点的坐标值指定点,即可绘制单点。执行"绘图"→"点"→"多点"命令,即可连续绘制多个点。

第七章 计算机辅助设计

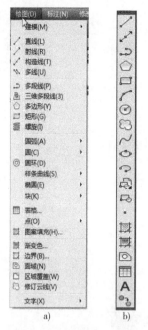

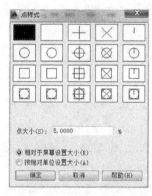

图 7-15　绘图菜单和工具栏　　图 7-16　点的样式　　图 7-17　"点样式"对话框

2. 线的绘制

在 AutoCAD 中,线条的类型有多种:直线、射线、构造线、多线、多段线、样条曲线等。"直线"是在绘制图形过程中最基本、最常用的绘图命令。用户可以通过以下方法执行"直线"命令。

(1) 菜单"绘图"→"直线"命令;

(2) 在"绘图"面板上单击"直线"按钮" ";

(3) 在命令行中输入快捷命令"L"或"Line",然后按回车键。

3. 矩形的绘制

矩形是通过两个角点的位置来定义的,在 AutoCAD 2014 中可以通过以下方法绘制矩形。

(1) 菜单"绘图"→"矩形"命令;

(2) 在"绘图"面板上单击"矩形"按钮" ";

(3) 在命令行中输入快捷命令"REC",然后按回车键。

执行"REC"命令后,命令行提示如下:

```
命令: REC
RECTANGLE
指定第一个角点或 [倒角(C)/标高(E)/圆角(F)/厚度(T)/宽度(W)]:
 ▸ RECTANGLE 指定另一个角点或 [面积(A) 尺寸(D) 旋转(R)]:
```

各选项的含义介绍如下:

角点:通过指定两个角点绘制矩形;

倒角(C):用于绘制带倒角的矩形,并设置倒角距离;

高程(E):指定矩形高程(Z 坐标),即把矩形画在高程为 Z 和 XOY 坐标面平行的平面上,并作为后续矩形的高程值;

143

圆角（F）：绘制带圆角的矩形，设置圆角半径；

厚度（T）：矩形的厚度；

宽度（W）：线宽；

面积（A）：指定面积的长、宽创建矩形；

尺寸（D）：使用长和宽创建矩形；

旋转（R）：旋转所绘制的矩形的角度。

图形绘制时，结合绘图需求，根据命令行的交互提示一步步执行。

4. 圆和圆弧的绘制

在 AutoCAD 2014 中可以通过以下方法绘制圆形。

（1）菜单"绘图"→"圆"命令；

（2）在"绘图"面板上单击"圆形"按钮"⊙"；

（3）在命令行中输入快捷命令"C"，然后按回车键。

执行"C"命令后，命令行提示如下：

命令：CIRCLE

⊙ ▼ CIRCLE 指定圆的圆心或 [三点(3P) 两点(2P) 切点、切点、半径(T)]：

根据所需绘制的圆形的已知条件选择绘制选项，再一步步执行命令绘制圆形。

圆弧是圆的一部分。一般圆弧需要指定三个点。在 AutoCAD 2014 中，绘制圆弧的方法有 11 种，用户可以通过以下方法绘制"圆弧"。

（1）菜单"绘图"→"圆弧"命令，在"圆弧"的下拉菜单中有 11 种绘制圆弧的方法，如图 7-18 所示，分别对应不同的已知参数；

（2）在"绘图"面板上单击"圆弧"按钮"⌒"；

（3）在命令行中输入快捷命令"ARC"，然后按回车键。

执行"ARC"命令后，命令行提示如下：

命令：_arc
圆弧创建方向：逆时针（按住 Ctrl 键可切换方向）。

⌒ ▼ ARC 指定圆弧的起点或 [圆心(C)]：

根据所需绘制的圆弧的已知条件选择绘制选项，再一步步执行命令绘制圆弧。

5. 多段线的绘制

多段线是一种由线段和圆弧组合而成的，不同线宽的多线。这种线组合形式多样，线宽变化多，弥补了直线和圆弧功能的不足，适合绘制各种复杂的图形轮廓。在 AutoCAD 2014 中可以通过以下方法绘制多段线。

（1）菜单"绘图"|"多段线"命令；

（2）在"绘图"面板上单击"多段线"按钮"⊃"；

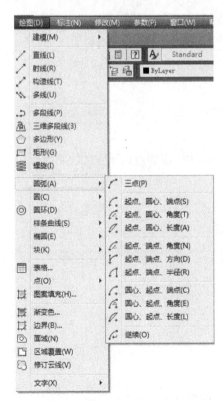

图 7-18 "圆弧"下拉菜单

(3)在命令行中输入快捷命令"PL",然后按回车键。

绘制多段线的方法与"圆弧"命令相似。

6. 图案填充的绘制

在剖面图中经常会用到图案填充,在 AutoCAD 2014 中可以通过以下方法绘制图案填充。

(1)菜单"绘图"→"图案填充"命令;

(2)在"绘图"面板上单击"图案填充"按钮"▨";

(3)在命令行中输入快捷命令"hatch",然后按回车键。

这里只针对 AutoCAD 的常用绘图命令和方法做简单介绍,读者可在后续的学习过程中,根据软件自带的帮助文件逐渐学习其他各种绘制命令和方法。

二、基本图形的编辑

在绘制二维图形时,需借助图形的编辑修改功能来完成图形的绘制工作。在 AutoCAD 2014 界面里,可以使用"修改"菜单、"编辑"工具栏(见图 7-19)和命令行三种方法来编辑基本图形对象。本节简单介绍一下基本图形的删除、复制、镜像、偏移、阵列、旋转、修剪和延伸等方法。

1. 对象的删除

在 AutoCAD 2014 中可以通过以下方法删除图形对象。

(1)菜单"修改"→"删除"命令;

(2)在"编辑"面板上单击"删除"按钮" ✎ ";

(3)在命令行中输入快捷命令"E",然后按回车键。

在执行上述任一命令之后,鼠标指示变成"□",在 CAD 模型空间中用鼠标点选或窗选需要删除的图形对象,按回车键即可删除对象。

2. 对象的复制

在 AutoCAD 2014 中复制对象,首先要确定复制后对象与原对象的位置关系,根据相对位置关系,选取复制后对象的基本参照点或相对距离即可复制到指定的位置。

(1)菜单"修改"→"复制"命令;

(2)在"编辑"面板上单击"复制"按钮" ⚙ ";

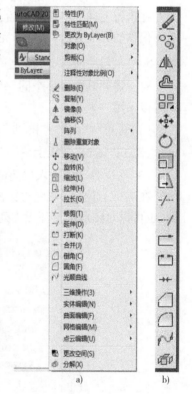

图 7-19 修改菜单和工具栏

(3)在命令行中输入快捷命令"copy",然后按回车键。

在执行上述任一命令之后,选取需要复制的对象,按回车键确定选取对象,再选定基点,选定复制点的位置,按回车键即完成复制命令。

3. 对象的镜像

在 AutoCAD 2014 中镜像对象,首先要确定镜像后对象与原对象的位置关系,根据相对

位置关系,选取镜像的对称轴和确定镜像后对象是否保留,方法如下:

(1)菜单"修改"→"镜像"命令;

(2)在"编辑"面板上单击"镜像"按钮" ";

(3)在命令行中输入快捷命令"mirror",然后按回车键。

在执行上述任一命令之后,选取需要镜像的对象,按回车键确定选取对象,通过选取两个点确定对称轴,然后根据提示选择是否需要删除源对象后,按回车键即完成镜像命令。

4. 对象的偏移

在 AutoCAD 2014 中偏移对象,首先要确定偏移后对象与原对象的位置关系,根据相对位置关系,确定偏移后对象的位置:

(1)菜单"修改"→"偏移"命令;

(2)在"编辑"面板上单击"偏移"按钮" ";

(3)在命令行中输入快捷命令"offset",然后按回车键。

在执行上述任一命令之后,先指定偏移的距离,再选取需要偏移的对象,根据提示选择需要偏移的方向,按回车键即完成偏移命令。

5. 对象的阵列

对于需要复制较多个同一对象的情况下,如果复制对象间距相等,则在 AutoCAD 2014 中可以采用阵列命令。

(1)菜单"修改"→"阵列"命令;

(2)在"编辑"面板上单击"阵列"按钮" ";

(3)在命令行中输入快捷命令"array",然后按回车键。

在执行上述任一命令之后,出现阵列对话框,如图 7-20 所示。可以对图形进行矩形阵列,也可以对图形进行环形阵列。

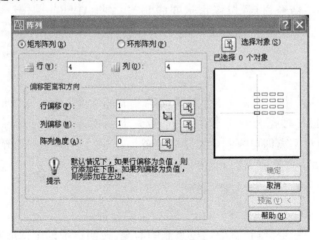

图 7-20 阵列对话框

根据阵列后对象的位置与原对象的相对关系,填写行数、列数、行偏移、列偏移和阵列角度的数据,点击"选择对象"按钮,进入模型空间选取需要选择的对象,按回车键确定,最后点击"确定"即可完成矩形阵列命令。环形阵列的设置方法类似。

6. 对象的旋转

在绘图过程中经常会用到旋转对象的命令,首先要确定旋转后对象与原对象的旋转基点和旋转角度或者相对旋转角,根据旋转轴和旋转角度,确定旋转后对象的位置。

(1)菜单"修改"→"旋转"命令;

(2)在"编辑"面板上单击"旋转"按钮" ";

(3)在命令行中输入快捷命令"rotate",然后按回车键。

在执行上述任一命令之后,选取需要旋转的对象,按回车键确定选取对象,通过选取基点和旋转角度后,按回车键即完成旋转命令。

7. 对象的修剪与延伸

在 AutoCAD 2014 中经常会把不需要的线条去掉或加长线条,于是要用到"修剪"和"延伸"命令。首先要确定修剪和延伸的对象以及边界线,遇到没有边界线的时候,需要做辅助线,方法如下。

(1)菜单"修改"→"修剪/延伸"命令;

(2)在"编辑"面板上单击"修剪/延伸"按钮" ";

(3)在命令行中输入快捷命令"tr/ex",然后按回车键。

在执行上述任一命令之后,先选择剪切边界线或延伸边界线,按回车键确定边界线,再点击需要剪切或延伸的对象线条,按回车键即完成修剪/延伸命令。

本节对基本图形的编辑命令做了简单介绍,每个命令还有各种选项,读者可在后续的学习过程继续学习用法。

三、基本图形的图层设置

图层是 AutoCAD 中非常重要的图形管理工具。图层可以被想象成一张没有厚度的透明纸,把具有相同特性的图形对象放在同一个图层里,然后将这些图层进行叠加,就组成了一个完整的图形。根据需要,可以将每个图层打开和关闭,也可以对某个图层中的图形对象进行编辑和修改,这样可以更好更有序的显示和编辑各部分图形内容,不会影响其他图层。

在 AutoCAD 中可以通过以下方式打开图层操作界面:

(1)菜单"格式"→"图层"命令。

(2)在"图层"面板上单击"图层特性管理器"按钮" "。

图层工具栏显示的图层即为当前层,如图 7-21 所示。当单击选取一个图形对象时,选中后对应的图层工具栏显示的图层即为这个图形对象所在的图层。

图 7-21 图层工具栏

(3)在命令行中输入快捷命令"layer",然后按回车键。

执行以上任一命令后,弹出"图层特性管理器"对话框,如图 7-22。

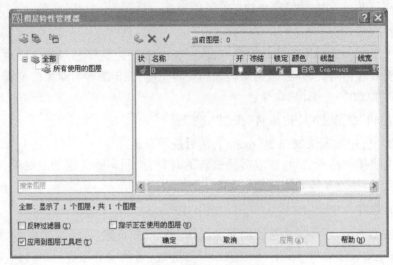

图 7-22　图层特性管理器

在这个对话框中,可以"新建"、"删除"、"重置"当前图层和编辑图层。右侧对应各层的属性,包括名称、开关、冻结、锁定、颜色、线型、线宽、是否可打印等属性,可单击任一项进行修改编辑。

在用 AutoCAD 2014 开始绘图时,首先创建图层,根据所要绘制的图形特性以及绘图标准要求,先设定各图层的颜色、线型、线宽、打印属性等。一般对于实线、虚线、中心线等分别设置在不同的图层上,采用不同的颜色以区分。

四、基本图形的尺寸标注

绘制完图形对象之后,往往需要标注尺寸。

尺寸标注之前需设定"标注样式",设定统一的标注形式。点击菜单"格式"→"标注样式",弹出"标注样式管理器"对话框,如图 7-23 所示,对标注样式进行"新建"和"修改"等编辑。点击"修改",弹出"修改标注样式"对话框,如图 7-24 所示,可以对标注的直线、符号和箭头、文字、主单位、换算单位等进行编辑修改。

 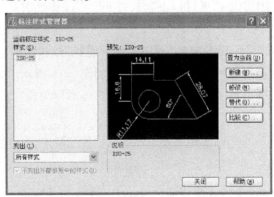

图 7-23　标注样式和标注样式管理器

"标注样式"设定之后,就可以进行尺寸标注了。在 AutoCAD 2014 中可以通过菜单"标注"下拉菜单和"标注"工具栏进行标注,如图 7-25 和 7-26 所示。也可采用命令行中输入快捷命令进行标注:dimlinear——线性标注,dimaligned——对齐标注,dimarc——弧长标注等。执行任一标注命令后,选取要标注的两个点后,再选定标注的位置即标注完毕。

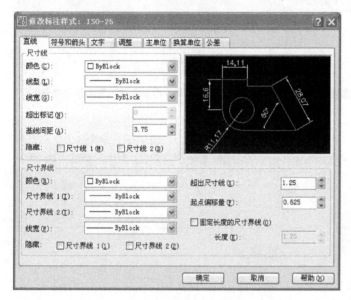

图 7-24　修改标注样式

图 7-25　标注下拉菜单

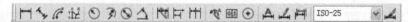

图 7-26　标注工具栏

五、用 AutoCAD2014 绘制简单的平面图形

前面简单介绍了 AutoCAD 2014 软件的基本功能,下面就一个简单的例子介绍二维平面图形的绘图过程,如图 7-27 所示的图形。

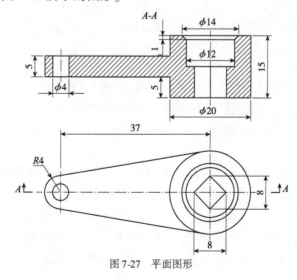

图 7-27　平面图形

(1)设置图层。图形中包含中心线、实线、文字、图案填充和标注,各分别设为一个图层,总共是5个图层,如图7-28所示。

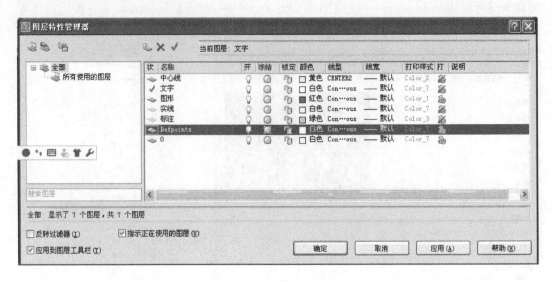

图7-28 图层设置

(2)设置文字样式和标注样式。从菜单"格式"下拉菜单中分别设置"文字样式"和"标注样式",如图7-29所示。

图7-29 设置文字样式和标注样式

(3)在"中心线"图层绘制整个图形的中心线,如图7-30所示。

(4)绘制图形对象。在"实线"图层采用前面介绍的"Line(直线)"、"Trim(修剪)"、"Ex(延伸)"、"C(圆形)"、"Offset(偏移)"、"Mirror(镜像)"等命令,绘制出图形对象,如图7-31所示。

(5)文字标注。在"文字"图层对图形中的文字、图名、剖切面进行标注,如图7-32所示。

(6)图案填充。在"图案填充"图层,采用"Hatch(图案填充)"命令,对剖切面进行图案填充,如图7-33所示。

(7)标注尺寸。在"标注"图层,对图形进行必要的尺寸标注,如图7-34所示。标注的原则是能够清晰地表达出图形的所有尺寸,而且要求图面整洁美观。

第七章 计算机辅助设计

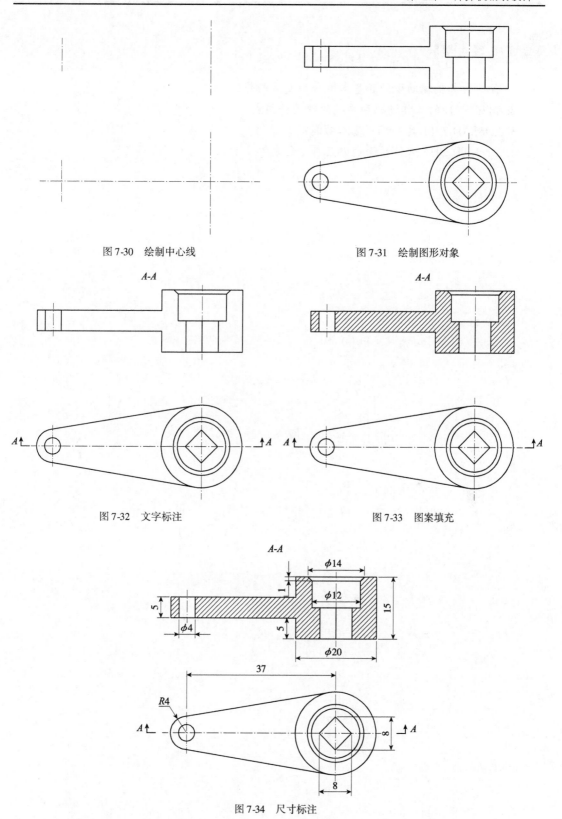

图 7-30 绘制中心线　　　　　图 7-31 绘制图形对象

图 7-32 文字标注　　　　　图 7-33 图案填充

图 7-34 尺寸标注

复习思考题

1. 简述计算机辅助设计的基本概念和发展趋势。
2. 简述 CAD 的工作过程和系统的硬软件组成。
3. AutoCAD 2014 具有哪些基本功能？
4. AutoCAD 2014 软件界面由哪几部分组成？

参 考 文 献

[1] 张彤.机械制图[M].北京:北京理工大学出版社,2006.
[2] 万静.机械工程制图基础[M].北京:机械工业出版社,2006.
[3] 魏文昊.汽车工程制图[M].北京:人民邮电出版社,2014.
[4] 刘小年.工程制图[M].北京:高等教育出版社,2010.
[5] 李育锡.机械设计课程设计[M].北京:高等教育出版社,2010.
[6] 左晓明.工程制图[M].北京:机械工业出版社,2011.
[7] 赵勇.工程制图基础[M].北京:清华大学出版社,2005.
[8] 戴立玲,杨世平.工程制图[M].北京:中国林业出版社,北京大学出版社,2006.
[9] 尚久明.工程识图基础与CAD[M].北京:机械工业出版社,2012.
[10] 韩东霞.机械识图[M].北京:北京大学出版社,2010.
[11] 李永芳,叶刚.机械制图[M].北京:人民交通出版社,2011.
[12] 沈凌,焦仲秋,郭景全.工程制图及CAD[M].北京:人民交通出版社,2014.
[13] 尹常治.机械设计制图[M].北京:高等教育出版社,2004.
[14] 徐江华,王莹莹,俞大丽,等.AutoCAD2014中文版基础教程[M].北京:中国青年出版社,2013.
[15] 李刚俊,郑向华.AutoCAD基础教程[M].北京:电子工业出版社,2012.
[16] 中华人民共和国国家标准.GB/T 16675.1—2012 技术制图简化表示法第1部分:图样画法[S].北京:中国标准出版社,2012.